TIERÄRZTIN
DR. ANNE WARRLICH

HANDBUCH —
Kaninchen

HALTUNG & PFLEGE,
VERHALTEN &
BESCHÄFTIGUNG

MIT KOSMOS MEHR ENTDECKEN

EXTRA

*Probleme &
Beziehungskisten*

SEIT 1822

KOSMOS

Vom Urkaninchen zum Kuscheltier

Damit wir unsere Kaninchen verstehen und uns in sie hineinversetzen können, ist es wichtig zu wissen, wie sie sich entwickelt haben, wie sie die Welt sehen, wie sie denken und fühlen und auch, wie sie miteinander umgehen. Da Menschen zu den Jägern zählen, fällt es uns oft schwer, Kaninchen zu verstehen, auf ihre Bedürfnisse einzugehen und ihre Eigenheiten zu akzeptieren. Nach dem folgenden Kapitel werden Sie Ihr Kaninchen besser verstehen.

Seit 55 Millionen Jahren

Als Urhase oder auch Urkaninchen wird Gomphos elkema angesehen. 2005 veröffentlichte eine Forschergruppe um Robert Asher vom Museum für Naturkunde in Berlin den Fund des ersten vollständigen Skeletts in der Mongolei. Gomphos hat vor ca. 55 Millionen Jahren gelebt und ähnelt eher einem Eichhörnchen als einem Kaninchen. Genau wie die Lagomorpha (Ordnung der Hasenartigen), zu denen die Kaninchen gehören, hatte Gomphos nachwachsende Zähne. Woher der Name kommt, ist unklar. Wahrscheinlich wurde er von den Russen vergeben, die bereits vor Robert Asher und seinen Kollegen Teilstücke eines Gomphos-Skeletts ausgegraben hatten.

Verbreitung durch Seefahrt

Hasenartige waren auch in Nordamerika ansässig. Die frühsten Funde stammen aus dem Tertiär (vor 70 bis 2 Millionen Jahren). Seit dem Pliozän (vor 7 Millionen Jahren) haben sich Kaninchen in Europa und Asien angesiedelt. Die Seefahrer haben bei diesem Prozess geholfen, denn es war durchaus üblich, lebende Kaninchen mitzuführen, sie auf Inseln auszusetzen und bei der Rückkehr nachzuschauen, ob sie sich vermehrt hatten, damit man sie verspeisen konnte. Das beste Beispiel für eine Rasse, die auf diese Weise entstanden ist, ist das Porto-Santo-Kaninchen auf Madeira. Unsere heutigen Kaninchen stammen vom europäischen Wildkaninchen ab.

Das Land der Kaninchen

Die frühsten Berichte über das Zusammenleben von Menschen und Kaninchen stammen von den Phöniziern. Als die Phönizier vor un-

Biologische Systematik	
Überklasse	Kiefermäuler (Gnathostomata)
Reihe:	Landwirbeltiere (Tetrapoda)
Klasse	Säugetiere (Mammalia)
Unterklasse	Höhere Säugetiere (Eutheria)
Überordnung	Euarchontoglires
Ordnung	Hasenartige
Familien	Hasen (Lagomorpha) und Pfeifhasen (Ochotonidae)

Zur Familie der Hasen gehören die Arten Wildhase, Wildkaninchen und Hauskaninchen.

Wahrscheinlich wurden sie dort jedoch noch nicht gezielt gezüchtet. Stattdessen wurden sie mehr oder weniger sich selbst überlassen, was zur Folge hatte, dass sie sich auch vermehrten. Damit begann die eigentliche Domestikation des Kaninchens. Die Kaninchenhaltung bei den Römern hatte natürlich den Hintergrund, den Speiseplan zu ergänzen. Es ist also davon auszugehen, dass die Kaninchen in diesen Leporarien auch nicht sehr zahm und bestimmt keine „Schmusehasen" waren. Der Siegeszug der Kaninchen in Europa war jedoch nicht aufzuhalten und so wurden sie von Handelsreisenden, Soldaten und den Völkern, die durch Europa zogen, immer weiter verbreitet. Sie sind sozusagen der lebende Snack der Frühgeschichte gewesen.

gefähr 3 000 Jahren die Iberische Halbinsel (das heutige Portugal und Spanien) entdeckten, waren sie über die große Anzahl Kaninchen erstaunt, die diesen Raum bevölkerten. Da Kaninchen den Phöniziern unbekannt waren, hielten sie sie für afrikanische Schliefer. Sie nannten das Land I-shepam-im, was soviel wie „das Land der Schliefer" bedeutet und von den Römern mit Hispania oder Spanien ins Lateinische übersetzt wurde. Spanien hat seinen heutigen Namen also den Kaninchen zu verdanken.

Systematische Zucht

Im fünften Jahrhundert begann die systematische Zucht von Kaninchen, die jedoch nach wie vor zu Nahrungszwecken genutzt wurden. Ein Gemälde von Tizian (1530) zeigt eine Madonna mit einem weißen Kaninchen. Die frühste bekannte Abbildung eines Kaninchens ist eine Tuschezeichnung aus China, datiert im 11. Jahrhundert. Bei den sehr frühen Abbildungen handelt es sich jedoch vermutlich um Wildhasen oder -kaninchen. Vor allem von den Klöstern in Frankreich gingen die ersten Bemühungen aus, Kaninchen gezielt zu ver-

Domestizierung der Kaninchen

Die Phönizier haben die Kaninchen vermutlich noch nicht gezähmt, zumindest gibt es keine Quellen darüber. Die ersten Berichte über Kaninchenhaltung stammen von den Römern (ca. 36 vor Christus). Sie hielten ihre Kaninchen in sogenannten Leporarien. Das waren gemauerte Einfriedungen, in denen die Kaninchen lebten.

Als junges Wildkaninchen lebt es sich ziemlich gefährlich. Daher muss man wachsam sein.

mehren. Der Hintergrund war auch hier keineswegs, einsamen Mönchen einen kuscheligen Gefährten zur Seite zu stellen, sondern
vielmehr dienten die neugeborenen Kaninchen
als erlaubte Fastenspeise. Sie wurden als
„laurices" bezeichnet. Diese Sitte hielt sich
sehr lang an den Königshöfen und in den Klöstern, bis weit in das Mittelalter hinein. In
Frankreich waren Wildkaninchen weit verbreitet und deshalb war die Zucht für die Mönche
naheliegend.

Verschiedene Rassen

Die Zucht von verschiedenen Kaninchenrassen
entwickelte sich im 19. Jahrhundert. Das Hermelin, eine Wieselart, war fast ausgerottet,
weil sein Winterfell für den Pelzbesatz der
prunkvollen Roben an Fürsten- und Königshöfen gebraucht wurde. Als Ersatz wurden
gezielt weiße Kaninchen miteinander verpaart,
weil ihr Fell dem des Hermelins glich. Die
Kaninchenzucht, wie wir sie heute kennen,
begann mit der industriellen Revolution im
19. Jahrhundert. Die Menschen bevölkerten
die Städte und hatten in ihren kleinen Häusern
und Hinterhöfen nicht mehr die Möglichkeit,
ein Schwein oder eine Kuh zu halten. Kaninchen waren eine gute Alternative, da sie wenig

Das Zwergkaninchen entsteht

Im 20. Jahrhundert entdeckte man bei
besonders kleinen Kaninchen mit kurzen
Ohren und kleinem Körper das sogenannte
Verzwergungsgen und verpaarte die Tiere
gezielt miteinander. Das heutige Zwergkaninchen war entstanden.

Platz in Anspruch nahmen und die Familie
kostengünstig mit tierischem Eiweiß versorg-
ten. Im Lauf der Jahrhunderte änderte sich
dann das Zuchtziel. Das Kaninchenfleisch trat
in den Hintergrund und man begann gezielt
gewisse Körpermerkmale wie Fellfarben und
Ohrformen zu züchten.

Wildkaninchen heute

Kaninchen sind durch den Menschen auf der
ganzen Welt verbreitet worden und sind als
Wildkaninchen nicht immer beliebt. Durch ihre
Vermehrungsfreudigkeit – sie sind nicht umsonst ein Fruchtbarkeitssymbol – nimmt ihre
Zahl stetig zu und sie können vor allem in
der Landwirtschaft großen Schaden anrichten.

Züchterisch ist heute vieles möglich, sogar „karierte" Japaner.

Ein wahres Kaninchenparadies – viel Futter und kein Jäger in Sicht. In solchen Gebieten vermehren sich die Mümmelmänner explosionsartig, nicht immer zur Freude der Landwirte.

Die große Vermehrungsfreudigkeit der Kaninchen und ihre rasche Verbreitung wurde am besten in Australien dokumentiert. Dort gab es bis zum Jahre 1859 keine Kaninchen. Ein Engländer namens Thomas Austen brachte aus seiner Heimat 24 Kaninchen mit, um sich in Australien heimisch zu fühlen, und ließ sie auf seinem Besitz in Victoria frei. Sechs Jahre später wurden allein auf seinem Grund und Boden rund 20 000 Kaninchen getötet. Im 800 Kilometer entfernten Queensland wurden Kaninchen entdeckt, die alle von diesen ursprünglich 24 Tieren abstammten. In Australien war die Situation besonders prekär, weil die Kaninchen keine natürlichen Feinde hatten, die ihre Zahl dezimieren konnten.

Bekämpfung durch Krankheiten

Auch Bekämpfungsmaßnahmen, wie die Vergasung und das Ausgraben der Bauten sowie die intensive Jagd auf Kaninchen, konnten die Kaninchenplage nicht stoppen. Also griff man zu anderen Mitteln, um die Kaninchen auszurotten. Um 1950 infizierte man sie mit Myxomatose, einer hochansteckenden, von Stechmücken übertragenen Erkrankung. Viele Kaninchen starben, doch nicht alle. Die überlebenden Tiere vermehrten sich anschließend umso explosionsartiger.

Auch eine neue Virusinfektion, die RHD (Rabbit Haemorrhagic Disease), mit der man die Kaninchen in den 90ziger-Jahren infizierte, brachte nicht den gewünschten Erfolg. Einige Tiere überlebten auch diese Attacke.

Weltweite Verbreitung der Kaninchen	
Europa	Europäisches Wildkaninchen
Japan	Ryukyu Kaninchen
Afrika	Rotkaninchen oder Wollschwanzhasen
Afrika	Buschkaninchen
Sumatra und Vietnam	Streifenkaninchen
Mexiko	Vulkankaninchen
USA	Zwergkaninchen, nicht zu verwechseln mit den Haus-Zwergkaninchen
USA, Kanada bis Nordargentinien	Baumwollschwanzkaninchen
Himalaya	Borstenkaninchen

Sinnesorgane und Körpermerkmale

Die Welt aus Kaninchensicht

Kaninchen haben eine andere Sichtweise der Welt als wir. Da ihre Augen seitlich am Kopf liegen, können sie nahezu alles um sich herum sehen. Nur direkt vor ihrer Nase befindet sich ein kleiner Bereich, in dem sie nichts sehen – vergleichbar mit Pferden, die direkt vor ihrem Maul ebenfalls „blind" sind. Dafür erkennen sie Dinge hinter und über ihrem Kopf recht gut. Das ist äußerst praktisch, denn der Feind des Kaninchens kommt meistens von oben. Die Pupille des Kaninchenauges kann sich schlechter zusammenziehen als die des Menschen. Außerdem ist die Linse im Auge weniger elastisch. Das bedingt, dass Kaninchen viel unschärfer sehen, außerdem mögen sie grelles Licht nicht gern. Kaninchen sind eher kurzsichtig, das heißt, sie sehen in der Ferne unscharf. Ihr räumliches Sehen ist auch nicht sehr ausgeprägt. Dafür können sie jedoch gut Bewegungen wahrnehmen und das ist für das Überleben in der Natur auch unbedingt notwendig. Auch schon geringste Bewegungen in der Umgebung lösen bei Kaninchen ein Flucht-Frühwarnsystem aus.

Dämmerungsspezialisten

In der Dämmerung funktionieren Kaninchenaugen am besten, weil ihre photosensorischen Zellen überwiegend aus den lichtempfindlichen Stäbchen bestehen, die auch für das Sehen von blauen und grünen Farben notwendig sind. Kaninchen haben in ihren Augen weniger sogenannte Zapfen. Diese Zellen sind hauptsächlich für die Farberkennung zuständig, und man nimmt deshalb an, dass Kaninchen Farben nicht sehr gut unterscheiden können. Somit macht es auch wenig Sinn, das Kaninchenfutter schön bunt einzufärben – das sehen die Kaninchen nämlich gar nicht.

Im Grunde ist das Kaninchenauge genau für Kaninchenbedürfnisse gebaut. Sie sehen als dämmerungsaktive Tiere gut im Dunkeln, dafür spielt das Farbsehen bei ihnen eine untergeordnete Rolle. Da Kaninchen in Höhlen und unterirdischen Bauten wohnen, müssen sie auch nicht besonders gut sehen können. Sie können jedoch Bewegungen in einer „Fast-rundumsicht" wahrnehmen, was ihnen ein „Früherkennungssystem" für Feinde bietet. Kaninchen kompensieren ihr schlechtes Sehvermögen mit ihrem Gehör und Geruchssinn.

Spürnasen: Die geheime Welt der Düfte

Die Kinndrüse, die Inguinal- (Leisten)drüse und die Analdrüsen helfen den Kaninchen, sich zu unterhalten. Kaninchen orientieren sich sehr stark über den Geruchssinn. Sie kommunizieren untereinander, indem sie Gegenstände oder ihr Revier mit ihren Duftdrüsen, ihrem Kot und ihrem Urin markieren.

Besonders männliche Tiere sind ausgeprägte „Kinn-Rubbler". Mit ihren Kinndrüsen markieren sie eifrig, was ihnen in die Quere kommt. Nicht nur Gegenstände werden berubbelt, sondern auch andere Kumpel. Das stärkt das Familienzugehörigkeitsgefühl und signalisiert sofort, dass ein Familienmitglied anwesend ist. Zu den Familienmitgliedern gehören auch Menschen. Jeder Kaninchenbesitzer kennt das Gefühl, wenn das Kaninchen genüsslich sein Kinn an den Hosenbeinen reibt. Da wir unsere Kleidung ständig wechseln und dauernd anders riechen, treiben es manche Kaninchen auf die Spitze und rubbeln ihr Kinn an jedem neuen Kleidungsstück, um entsprechend Haare zu hinterlassen, was nicht immer auf uneingeschränkte Gegenliebe stößt.

Visitenkarten: Das verraten Kaninchendüfte

Neben den Kinndrüsen verfügen Kaninchen noch über andere Duftdrüsen. Diese befinden sich am After und in der Leiste. Die Inguinal- oder Leistendrüsen dienen dazu, dem Kaninchen seinen eigenen unverwechselbaren Duft zu geben und es für andere Tiere erkenntlich zu machen. Sie liegen in einer Hautfalte neben der Geschlechtsöffnung und produzieren ein zähes, talgartiges, gelbliches Drüsensekret. Manchmal kann es auch schwarz und klebrig aussehen und wird dann mit Kotverschmutzungen verwechselt. Den Geruch können auch Menschen wahrnehmen. Er riecht nach Urin beziehungsweise leicht süßlich. Beim Zusammentreffen zweier Kaninchen wird zuerst die Analgegend berochen. Das Sekret gibt dem Gegenüber Auskunft über Alter, Geschlecht und Paarungsbereitschaft. Die Zitzen der Häsin sondern ebenfalls ein sogenanntes Pheromon ab, das den kleinen Kaninchen den Weg zur Zitze zeigt. Bei erwachsenen Kaninchen bewirkt dieses Hormon Beruhigung und Entspannung, denn die Erinnerung an diesen Duft behalten die Kaninchen ihr Leben lang.

Kaninchen haben gute Nasen. Das ist sinnvoll, da sie sich im Dunkeln über Düfte verständigen.

Vor allem Gegenstände werden mit der Kinndrüse markiert. Hier wird der Tunnel kräftig berubbelt.

Lange Ohren sind beweglicher als kurze Löffel und erlauben eine sehr genaue Ortung von verschiedenen Geräuschquellen.

Analdrüsen

Die Analdrüsen markieren den Kot, kurz bevor er ausgeschieden wird, mit ihrem Duft. Da Kaninchen ihr Revier mit Kot markieren, sind die Analdrüsen dafür zuständig, die „Kotvisitenkarten" zu kennzeichnen. Außerdem geben sie wahrscheinlich Auskunft über Geschlecht, Paarungsbereitschaft und Alter, ähnlich wie bei Hunden auch.

Allen Drüsen ist gemeinsam, dass sie für uns nicht oder nur sehr schwer wahrnehm-

bare Geruchsstoffe bilden, mit denen sich die Kaninchen untereinander verständigen. Dominante Tiere markieren mehr als solche, die in der Hierarchie weiter unten stehen. Die Größe der Duftdrüsen ist beim männlichen Tier von der Produktion von männlichen Geschlechtshormonen im Hoden abhängig. Häsinnen markieren mit ihren Duftdrüsen ihre Nachkommen und können so sehr genau unterscheiden, ob die Kinder ihre eigenen sind oder die einer fremden Häsin. Die Markierung des Territoriums mit dem eigenen Duft macht die Kaninchen sehr selbstsicher.

Kleine Schalltrichter: So gut hören lange Löffel

Kaninchen haben ein extrem gutes Gehör. Sie können Töne im Frequenzbereich zwischen 16 und 33 000 Hz wahrnehmen. Zum Vergleich: Ein Mensch hört in einem Frequenzbereich von 20 bis 20 000 Hz, ein Hund im Bereich von 15 bis 50 000 Hz. Das heißt, Kaninchen hören vor allem hohe Frequenzen und leise Töne besonders gut. Das gute Gehör brauchen sie als Beutetiere auch, um anschleichende Feinde wie Fuchs, Katze oder Marder sowie Raubvögel frühzeitig wahrnehmen zu können. Ihre Ohren sind wie kleine Schalltrichter, die sehr beweglich in alle Richtungen gedreht werden können, um die Geräusche besser zu orten. Sie ähneln quasi kleinen Radarschüsseln. Widderkaninchen hören zwar immer noch viel besser als Menschen, haben jedoch durch ihre unbeweglichen Hängeohren einen Nachteil.

Durch ihr gutes Gehör sind Kaninchen sehr geräuschempfindlich und schätzen laute Musik oder übermäßigen Krach gar nicht. Vor allem auf raschelnde, zischende und knisternde Geräusche reagieren Kaninchen panisch, weil ihre Fressfeinde diese Geräusche bei Bewegungen verursachen. Ein lauter Traktor, der uns bedrohlich vorkommt erzeugt meistens gar keine Reaktion.

Geschmackssinn

Kaninchen haben, genau wie wir, Geschmacksknospen auf ihrer Zunge und können süß, sauer, bitter und salzig unterscheiden. Bei der Auswahl ihrer Nahrungsmittel haben süß und interessanterweise bitter Vorrang. Das erklärt, warum Kaninchen sowohl Drops, Snacks und zuckerhaltige Futtermittel wie Bananen gern fressen, aber auch den relativ bitteren Chicorée.

Richtige Feinschmecker

Außerdem sind Kaninchen bei der Auswahl ihrer Tränke sehr wählerisch. In der Natur trinken die Tiere nur selten aus Pfützen oder fließenden Gewässern. Sie nehmen Flüssigkeit entweder in Form von Saftfutter auf oder sie bevorzugen taunasses Gras oder Blätter in der Dämmerung. Man sollte bei der Heimtierhaltung immer im Auge behalten, dass Kaninchen je nach Wohnort auch das Leitungswasser verschmähen können. Leitungswasser ist meist gechlort und manche Tiere schrecken vor dem Chlor zurück, das sie im Gegensatz zu uns riechen und schmecken können.

Bei der Auswahl ihres Futters scheinen Kaninchen besonders viel Wert auf einen guten Geruch zu legen. So werden stark riechende Futtermittel verschmäht und muffiges Heu überhaupt nicht angerührt.

Tasthaare

Der Schnurrbart dient nicht nur zur Zier, sondern hat eine wichtige Funktion. Er besteht aus Tasthaaren, besonders ausgebildeten Haaren, deren Wurzeln mit feinen Nerven ausgestattet sind und dem Kaninchen in der Dunkelheit ermöglichen, abzuschätzen, ob ein Durchschlupf breit genug ist oder nicht. Die Tasthaare befinden sich auch über den Augen und an den Wangen. Sie sind leicht zu erkennen, denn sie sind hart, schwarz und wesentlich länger als das restliche Fell. Der Schnurrbart dient zum Ertasten von Gegenständen, die sich direkt vor dem Gesicht befinden, denn die sieht das Kaninchen kaum. Tasthaare dürfen keinesfalls abgeschnitten oder nach hinten gebogen werden, denn das bereitet dem Kaninchen Schmerzen.

Auch beim Grasen sind die Ohren auf Hab-Acht-Stellung, um nicht unangenehm überrascht zu werden.

Kleine Angsthasen

Unsere heutigen Kaninchen stammen alle von einer Kaninchenfamilie ab, nämlich vom europäischen Kaninchen. Es kam ursprünglich in Südeuropa vor und bestand aus einer relativ kleinen Anzahl von Tieren. Durch gezielte Zucht sind unsere heutigen Kaninchen entstanden. Heutzutage gibt es ungefähr 200 verschiedene Kaninchenrassen – nur ca. 90 sind vom ZDRK (siehe Kapitel 2) anerkannt – und selbst Fachleuten fällt es schwer, den Überblick zu behalten, weil die Rassen in verschiedenen Farbschlägen vorkommen. Den jeweiligen Kaninchenrassen werden bestimmte Eigenschaften nachgesagt, sowohl was das Verhalten angeht als auch was die körperlichen Merkmale betrifft. Ein Stallkaninchen ist ein eher ruhiger Vertreter der Gattung Kaninchen und nicht so leicht aus der Ruhe zu bringen. Die Zwergkaninchen sind lebendiger, wendiger und ängstlicher. Die meisten Kleinrassen oder Zwerge sind als Haustiere gut für Kinder geeignet, weil sie sich wegen ihrer Größe gut hochheben und händeln lassen.

Widderkaninchen

Unter den Zwergkaninchen sind die Widderkaninchen die eher ruhigeren Vertreter, obwohl es sich bei ihnen eigentlich nicht um echte Zwergkaninchen handelt, denn ihnen fehlt das Verzwergungsgen. Sie sind also normale Kaninchen, die nur ein bisschen kleiner ausgefallen sind. Als Faustregel kann man sich merken: Je kleiner das Individuum, desto schreckhafter und ängstlicher ist es.

Wurzeloffene Zähne

Kaninchen haben wurzeloffene Zähne, die permanent wachsen. Durch das Zerbeißen der Nahrung mit den Schneidezähnen bzw. das intensive Mahlen beim Kauen von Heu oder Gras werden die Zähne durch Reibung kurz gehalten. Kaninchen haben sozusagen eine eingebaute Zahnschleifmaschine, die normalerweise auch ohne große Probleme funktioniert. Bei den Zwergkaninchen ist der Kopf

Zwergkaninchen sind relativ lebendig, flink und haben manchmal schneller Angst.

Widder sind etwas größer als die meisten Zwerge und haben ein ruhiges, freundliches Gemüt.

Ob Kaninchen ängstlich oder zutraulich werden, hängt von den Genen und von den Erfahrungen ab.

allerdings besonders rund und kurz. Da die Anzahl der Zähne jedoch die gleiche ist wie bei den größeren Verwandten, stehen die Zähne im Kiefer zu nah aneinander und können bei den Kaubewegungen nicht mehr richtig abgenutzt werden. Die Folge ist ein überlanges Wachstum der Backenzähne, die richtig kleine Häkchen und Spitzen bilden können, was den Tieren große Schmerzen beim Fressen bereitet. Diese Zähne müssen dann regelmäßig vom Tierarzt abgeknipst und geschliffen werden – eine äußerst unangenehme Prozedur für die Kaninchen. Das Kürzen der überlangen Zähne kann mitunter sehr schwierig sein, deshalb führen es viele Tierärzte nur unter Sedation oder Vollnarkose durch. Durch richtige Fütterung lassen sich allerdings viele Zahnprobleme vermeiden, dazu mehr in Kapitel 7.

Hormongesteuert

Das Verhalten eines Tieres wird zum einem durch sein genetisches Material beeinflusst, das es je zur Hälfte von der Mutter und vom Vater vererbt bekommt. Zum anderen wird es durch Umwelteinflüsse geprägt. Auch Hormone beeinflussen das Verhalten von Kaninchen. Die Paarung, das Verhalten als Elterntiere und das territoriale Verhalten sind zwar weitgehend genetisch bedingt, werden aber auch hormonell gesteuert. Die Paarungszeit von Kaninchen fängt Ende Januar an und dauert bis Ende Juli. Der Hypothalamus, eine bestimmte Region im Gehirn, reagiert auf die zunehmende Tageslichtlänge und veranlasst die Sexualorgane, nämlich Hoden und Eierstöcke, Hormone zu produzieren. In den Hoden wird das männliche Geschlechtshormon Testoste-

Biologische Eckdaten

Lebenserwartung	6–12 Jahre
Geschlechtsreife	22–52 Wochen
Gewicht	1–12 kg
Tragzeit	30–33 Tage
Wurfgröße	3–8 Junge
Säugezeit	ca. 6 Wochen

ron gebildet und in den Eierstöcken das weibliche Sexualhormon Östrogen. Die Rammler werden sexuell aktiv und die Häsinnen brünstig. In dieser Zeit ist auch das territoriale Verhalten unserer Zwergkaninchen stärker ausgeprägt. Die Mümmler neigen dazu, ihr Revier, nämlich ihren Käfig, eher zu verteidigen und können aggressiv reagieren, wenn sich eine Hand dem Käfig nähert.

Täglicher Umgang mit verschiedenen Menschen sorgt für zahme, vertrauensvolle Kaninchen.

Lernen, ein Leben lang

Jedes Individuum lernt, solange es lebt, so auch Kaninchen. Der Lernvorgang wird durch Erfahrungen beeinflusst, die Tiere und Menschen mit der Umwelt machen. Kinder lernen beispielsweise, dass der Kontakt mit einer heißen Herdplatte unangenehm ist und verknüpfen fortan negative Erfahrungen mit der Herdplatte. Der Lernprozess ist bei Kaninchen im Grunde der Gleiche.

Kaninchen lernen von Geburt an, obwohl sie in den ersten drei Lebenswochen blind und taub sind. In den ersten Lebenswochen geht es für die Kleinen nur ums Überleben. Mit ihrem von Geburt an sehr ausgeprägten Geruchssinn lernen sie schnell, die Zitze ihrer Mutter in kürzester Zeit zu finden, um Milch zu trinken.

Prägung und Sozialisation

Im Alter von ungefähr drei Wochen verlassen die kleinen Kaninchen das Nest und erkunden ihre Umgebung. Sie können nun sehen, hören, sich fortbewegen und sind bereit, auf Umwelteinflüsse zu reagieren und ihre Erfahrungen zu verarbeiten. Diese Zeit nennt man Prägungs- und Sozialisationsphase. Sie dauert ungefähr bis zur 12. Lebenswoche an und ist für junge Zwergkaninchen besonders wichtig. Alle Erfahrungen, die Kaninchen in dieser Zeit machen, brennen sich sozusagen unauslöschlich in ihr Gedächtnis ein. Sie sollten jetzt lernen, dass der Mensch ein Freund ist und kein Feind.

Sie werden aber auch vom Verhalten ihrer Mutter geprägt. Eine ängstliche, scheue Häsin, die sich vor Menschen fürchtet, beeinflusst das Verhalten ihrer Nachkommen entsprechend. In der Prägungsphase ist es wichtig, dass die Kaninchen viele gute Erfahrungen machen, um nicht zu scheuen, kleinen Angsthäschen zu werden. Sie brauchen viel menschliche Zuwendung und sollten möglichst mit vielen verschiedenen Personen und anderen Tieren Kontakt haben.

Natürliche Lebensweise

Soziale Rudeltiere

Kaninchen leben nicht allein, sondern in Rudeln oder Gruppen. In der Natur können sich bis zu 50 Kaninchen einen Bau teilen. Innerhalb des Rudels gibt es kleinere Gruppen, die meist aus verwandten Tieren bestehen. Die Zahl der weiblichen Kaninchen überwiegt die der männlichen. Die Rangordnung unter den männlichen Tieren ist streng geregelt. Der Anführer ist meist der größte, älteste und schwerste Rammler. Die männlichen Nachkommen bleiben entweder im Bau und unterwerfen sich der Hierarchie oder werden zu sogenannten „Satelliten". Sie müssen den Bau verlassen und leben einige Zeit an der Erdoberfläche. Unter Büschen und Sträuchern suchen sie Schutz und können dann zur Paarungszeit Aufnahme in einem neuen Bau finden – eine schlaue Strategie, um Inzucht zu vermeiden. Oder sie werben einige Häsinnen ab und suchen eine geeignete Stelle für einen neuen Bau. Da die weiblichen Tiere in einem Bau meist miteinander verwandt sind, ist ihr Verhältnis entspannter und freundschaftlicher als das der Rammler.

Wahre Architekten

Kaninchen vollbringen mit ihren komplizierten Tunnel- und Höhlenanlagen architektonische Meisterleistungen. Ein Kaninchenbau kann ein Gebiet von bis zu 100 m² umfassen. Es wird an mehreren Stellen gleichzeitig gegraben und dennoch treffen sich die Tunnel. Kaninchen scheinen einen geografischen Plan vor Augen zu haben, wenn sie einen Bau anlegen oder erweitern.

Tunnelstau im Bau

Alle Kaninchen graben gern. In der Natur tun sie dies hauptsächlich, um Tunnel- und Röhrensysteme anzulegen und zu erweitern. Sie lockern mit ihren Vorderpfoten die Erde und scharren sie mit ihren Hinterbeinen weg. Die Tunnelsysteme sind gewöhnlich sehr schmal, sodass nur ein Kaninchen durch die Röhre passt. Damit es nicht zu Staus und Verkehrsunfällen kommt, bauen Kaninchen Ausweichplätze in die Röhren ein, ähnlich einer Nothaltebucht auf der Autobahn. Diese Buchten sind breiter als die normale Röhre und ermöglichen Ausweichmanöver.

Vorder- und Hinterausgang

Das Röhrensystem der Kaninchen hat verschiedene Arten von Eingängen, ähnlich der Haustür und der Hintertür bei einem Haus. Die normalen „Haustüren" sind Eingänge, die immer benutzt werden. Die Röhre eines solchen Eingangs fällt sanft ab und ist meist durch einen Erdhaufen neben dem Eingang gekennzeichnet, fast wie eine Fußmatte an der Haustür. Die Notausgänge oder Hintertüren besitzen keinen charakteristischen Erdhaufen und sind meist unter Büschen oder Sträuchern versteckt. Sie werden von den Kaninchen nur in Notfällen benutzt, wenn sie sich schnell vor Feinden verstecken müssen. Außerdem fallen sie fast senkrecht zur Erdoberfläche ab: Für die Kaninchen kein Problem, sich schnell in so einen Eingang fallen zu lassen, jedoch für ihre Feinde.

Kinderzimmer für Kaninchen

Einige Tunnel enden blind in einem großen Raum oder einer Höhle. Das sind die Wohnzimmer der Kaninchen. Hier liegen sie zusammen, putzen und lecken sich oder verdauen ihren Blinddarmkot. Einige dieser Wohnzimmer sind zu Nestern umfunktioniert – sozusagen Kinderzimmer, wo die Kaninchen geboren, aufgezogen und von ihrer Mutter gesäugt werden. Diese Nester inmitten der normalen Bauanlage sind den dominanten Häsinnen vorbehalten. Mit ihren Duftdrüsen markieren sie den Zugang ihrer Nester. Dies ähnelt einem Schloss an der nicht vorhandenen Tür und macht allen anderen unmissverständlich klar: Bis hier und nicht weiter.

Kaninchenmütter, die in der Hierarchie weiter unten stehen, bauen manchmal Nester, die nicht mit dem Höhlensystem des Hauptbaus verbunden sind. Diese Nester haben keine Hintertür. Erstens macht dies die Arbeit für die Mutter leichter und zweitens hindert es auch die Babys daran, in dem komplizierten Tunnel- und Höhlensystem eines Kaninchenbaus verloren zu gehen.

Körpersprache

Kaninchen verständigen sich auch durch Körpersprache. Indem sie verschiedene Körperhaltungen einnehmen, kann das Gegenüber ablesen, wie sie sich momentan fühlen. Die Körpersprache spielt im Kaninchenleben allerdings nur eine untergeordnete Rolle, da die Kaninchen, wie bereits erwähnt, einen Großteil des Tages in ihrem dunklen Bau verbringen und sich eher über Geruch als durch Sicht verständigen.

Man kann jedoch anhand der Körperhaltung und vor allem an der Ohrenstellung unterscheiden, ob das Kaninchen entspannt, ängstlich, unterwürfig, aggressiv oder zufrieden ist.

Heil in der Flucht: Nimm die Pfoten in die Hand und ab geht's in den sicheren Bau.

Kaninchensprache

Da Kaninchen Beutetiere sind, vermeiden sie allzu viele Geräusche, um nicht Feinde auf sich aufmerksam zu machen. Kaninchen können trotzdem verschiedene Laute von sich geben.

• Gurren: Klingt wie das Schnurren einer Katze, zeigt Wohlbefinden.

• Fiepen: Ruf der Jungen nach der Mutter

• Fauchen: Vorsicht! Äußerst gereiztes Kaninchen! Dient auch zur Warnung der anderen Kaninchen vor Gefahr.

• Schreien: Kaninchen können laut schreien. Höchste Gefahr in Verzug! Geschrien wird bei Gefahr und in Todesangst.

• Trommeln: Beide Hinterläufe trommeln schnell und rhythmisch auf den Boden. Gefahr in Verzug! Dient als Warnung für andere Rudelmitglieder.

• Zähneknirschen: Kann ein Warnzeichen sein, wenn ein Kaninchen in Ruhe gelassen werden will, kann aber auch Ausdruck von Schmerzen sein.

• Zähne mahlen oder vor sich hin mümmeln: Dabei liegen die Kaninchen meist entspannt auf der Seite. Dies ist ein Zeichen des Wohlbefindens und leiser als das Zähneknirschen.

Entspannung

Ein entspanntes Kaninchen liegt entweder auf der Seite oder auf dem Bauch und streckt dabei die Hinterbeine der Länge nach aus. Es kann jedoch auch auf der Brust liegen, den Kopf zwischen oder auf den Vorderpfötchen und zufrieden vor sich hin dösen. Die Ohren hängen dabei entspannt zur Seite oder liegen am Kopf an.

Demut und Angst

Ein unterwürfiges Kaninchen versucht sich möglichst klein zu machen. Der Augenkontakt mit dem dominanten Tier wird vermieden, der Kopf ist gesenkt und die Ohren sind dicht an den Kopf gepresst.

Eine ähnliche Körperhaltung nimmt das Kaninchen ein, wenn es sich fürchtet, allerdings mit dem Unterschied, dass bei einem ängstlichen Kaninchen die Gesichtsmuskeln stark angespannt sind. So entsteht der Eindruck, dass dem armen Kerl gleich die Augen aus dem Kopf fallen. Dabei wird der Körper dicht auf den Boden gedrückt und die Ohren werden so flach am Kopf angelegt, dass sie fast gar nicht mehr zu sehen sind.

Entspannte Siesta nach Kaninchenart: Fühlt es sich sicher, legt es sich der Länge nach hin.

Kopfschütteln

Kaninchen schütteln den Kopf, wenn sie mit etwas nicht einverstanden sind. Meist tun sie das, wenn sie etwas Unangenehmes riechen oder schmecken, um den Geruch von ihren Schleimhäuten zu entfernen – er wird sozusagen abgeschüttelt. Manchmal trommeln sie anschließend mit den Hinterläufen, um den Rest des Rudels vor diesem seltsamen und vielleicht auch gefährlichen Geruch oder Geschmack zu warnen.

Schreck und Warnung

Ein wirklich erschrockenes Kaninchen tritt sofort den Rückzug an und hoppelt so schnell es kann in den sicheren Bau. Dabei werden die Hinterbeine angehoben, sodass die anderen Kaninchen die helle Unterseite der Beine und des Schwanzes sehen können. In der Dämmerung leuchtet das Weiße wie eine Warnblinkanlage und signalisiert: Achtung, Gefahr!

Zufluchtsorte und Tagesrhythmus

Da Kaninchen kleine Angsthasen sind – denn sie sind als Beutetiere vor allem Gefahren ausgesetzt, die sich über ihrem Kopf befinden – lieben sie es, sich in Höhlen unter Büschen, Sträuchern und in Ermangelung dieser unter dem Sofa, dem Bett oder dem Couchtisch zu verstecken. Dort warten sie, bis die Luft rein ist, und erkunden dann vorsichtig die Umgebung. Dabei haben sie ihren möglichen Zufluchtsort immer vor Augen. Kaninchen sind dämmerungsaktive Tiere, das heißt, dass sie tagsüber dösen oder schlafen. Sie können sich aber auch dem Tagesrhythmus des Menschen anpassen und tagaktiv sein.

Ängstliche Kaninchen ducken sich und legen die Ohren an. Wird es ernster, hoppeln sie schnell in ein sicheres Versteck. Dabei wird das Schwänzchen als Warnlampe hochgeklappt.

Körperpflege

Kaninchen sind saubere Tiere, die, wie Forscher herausgefunden haben, ungefähr 16 % ihrer Zeit mit dem Putzen verbringen. Im Bau betreiben sie gegenseitig Fellpflege, sie putzen und lecken sich. Das dient nicht nur der Körperpflege, sondern stärkt auch die familiären Bindungen der Kaninchen untereinander.

Es ist nett zu beobachten, wie sich Kaninchen putzen. Sie machen Männchen und säubern – ähnlich wie eine Katze – Kopf und Ohren mit ihren Vorderpfoten. Dabei werden die langen Löffel mit den Vorderpfoten nach vorn gestrichen, um sie möglichst gut reinigen zu können. Sie beknabbern auch ihren Bauch, ihre Hinterbeine, ihren Rücken und ihre Analregion genüsslich, um loses Fell, Verkrustungen und Verschmutzungen zu entfernen. Um den Rücken und die Region hinter den Ohren zu erreichen, kratzen sich Kaninchen mit den Hinterbeinen. Besonders niedlich sehen dabei junge Kaninchen aus, die manchmal noch etwas Schwierigkeiten mit der Koordination haben und dabei das Gleichgewicht verlieren oder einfach in der Luft kratzen.

Unterstützung durch Mensch und Artgenossen

Besonders wichtig für Kaninchen ist die Reinigung der Analregion. Hier können Kotkügelchen mit Sekret aus den Perianal- und Analdrüsen mit dem Fell verkleben. Diese Verklebungen verhindern, dass die Kaninchen ihren weichen Blinddarmkot aufnehmen können, um ihn nochmals zu verdauen. Das kann zu massiven gesundheitlichen Beeinträchtigungen führen. Deswegen ist es wichtig, darauf zu achten, dass der Po des Kaninchens sauber ist. Viele Kaninchen sind übergewichtig und kommen aufgrund ihrer Leibesfülle nicht mehr an ihre Analregion. Diesen Tieren müssen wir als verantwortungsvolle Besitzer helfen, indem wir die Haare kürzen und Verkrustungen vorsichtig entfernen. Man kann versuchen, die Verklebungen vorsichtig abzuzupfen oder mittels eines Sitzbades aufzuweichen, was nicht gerade auf Gegenliebe seitens der Kaninchen stößt.

Kaninchen putzen sich auch gegenseitig. Dabei liegen sie eng aneinandergekuschelt und lecken sich über das Fell und beknabbern das andere Kaninchen. Dies dient dazu, Berei-

Kaninchen nehmen es sehr ernst mit der Körperpflege. Das Gesicht wird gewaschen, indem das Kaninchen seine Pfoten ableckt und anschließend mit ihnen über Mund und Nase fährt.

Jetzt ist der Kumpel an der Reihe. Mal sehen, ob noch Dreck hinter den Löffeln sitzt.

Tatsächlich: Eine kurze Wäsche und schon ist alles wieder sauber.

che zu säubern, an die das Kaninchen selbst nur schwer herankommt, stärkt aber auch die sozialen Bindungen unter den Kaninchen. Abgesehen von den nützlichen Aspekten ist es angenehm – fast wie eine Massage. Es senkt die Herzfrequenz und baut Stresshormone ab.

Sommerkleid und Winterpelz

Die wilden Kaninchen haben eine dichte weiche Unterwolle, die von härteren Grannenhaaren bedeckt ist. Sie wechseln ihr Fell, um sich gegen Witterungseinflüsse zu wappnen. Der Fellwechsel beginnt ungefähr im März und dauert bis Oktober. Dann haben die Kaninchen einen dichten Winterpelz, der wärmt und gegen Kälte isoliert. Auch unsere Hauskaninchen machen diesen Fellwechsel durch. Das erklärt, warum viele Besitzer den Eindruck haben, ihre Kaninchen haaren das ganze Jahr über.

Regelmäßig bürsten

Um dem Haarproblem abzuhelfen, ist es ratsam, das Langohr regelmäßig zu bürsten. Dazu verwendet man am besten eine weiche

Tierbürste. Das ist für die Tiere sehr angenehm, denn sanftes Bürsten ist wie eine Massage und imitiert das gegenseitige Lecken. Es stärkt die soziale Bindung zwischen Mensch und Kaninchen. Das Bürsten hat jedoch noch einen anderen Effekt. Da die meisten in unserer Obhut gehaltenen Kaninchen das ganze Jahr über ziemlich stark haaren, nehmen sie bei der Fellpflege viele Haare mit der Zunge auf. Die Haare werden abgeschluckt und gelangen in den Magen. Kaninchen können nicht erbrechen, weil ihr Mageneingang nur ein „Ventil" nach unten besitzt. Alles, was in den Magen gelangt, kann nur noch über den Darm ausgeschieden werden. In den meisten Fällen passiert das auch mit den Haaren, aber manchmal verfilzen sie im Magen zu einer richtigen Fellkugel, die Trichobezoar genannt wird. Die Fellkugel liegt dann als Fremdkörper im Magen und und kann Verdauungsprobleme verursachen.

Diese Erkrankung kommt recht häufig vor und muss durch verdauungsfördernde Medikamente behandelt werden. Teilweise ist sogar eine Operation erforderlich. Die Therapie ist schwierig und endet oftmals mit dem Tod.

Junge Kaninchen stehen auf dem Speiseplan der Kornweihe. Nur wer schnell ist, überlebt.

Dämmerleben

Wenn es dämmerig wird, verlassen die wilden Kaninchen ihren Bau, um zu fressen und ihr Revier zu markieren. Die jungen Kaninchen spielen ausgelassen in der Dämmerung. Im Zwielicht haben Kaninchen gegenüber ihren Feinden, den Raubvögeln, einen klaren Vorteil. Denn diese jagen auf Sicht und Gehör. In der Dämmerung sehen sie schlechter und die Kaninchen können ihnen daher leichter entkommen. Sinn und Zweck des Kaninchen-lebens ist nicht etwa das schönste Fell oder die üppigste Wamme (Hautfalte am Hals, vor allem bei weiblichen Tieren) zu haben, sondern beschränkt sich darauf, zu überleben und sich fortzupflanzen.

Die Toilette am Eingang

Kaninchen sind bodenständige, konservative Tiere, richtige Landmenschen eben. Sie ziehen nicht gern um und verlassen ihr Territorium nur, wenn es unbedingt sein muss.

Kaninchen leben in einem festgelegten Gebiet, das ihnen Schutz und Sicherheit bietet. Dieses Territorium kennzeichnen sie gegenüber anderen Kaninchen oder Eindringlingen durch Markierungen, ähnlich wie wir unsere Grundstücksgrenzen mit einem Zaun oder einer Hecke abstecken.

Diese Markierungen bestehen meist aus erhöht gelegenen Kothaufen. Kaninchen verwenden also anstelle eines Zauns sogenannte Toilettenplätze, um ihr Grundstück abzugrenzen. Diese Toilettenplätze können erhebliche Ausmaße annehmen, je nachdem, wie viele Kaninchen einen Bau bewohnen. Schon allein der Anblick ist beeindruckend.

Immer fluchtbereit: Junge Kaninchen müssen auf der Hut sein und wagen sich meist nur im Schutz der Dämmerung vor den Bau.

Der Chef im Revier

Außerdem sagen die im Kot enthaltenen Drüsensekrete einem Neuankömmling deutlich, wer der Chef im Rudel ist. Neben den Kotmarkierungen wird das Territorium von den verschiedenen Bewohnern durch ihre Duftdrüsen gekennzeichnet. Die dominanten Tiere markieren dabei häufiger, als die in der Hierarchie weiter unten stehenden. Sie sind auch öfter damit beschäftigt, den Geruch eines Konkurrenten schnellstmöglich zu überdecken. Bei manchen Rammlern entsteht der Eindruck, dass sie in Stress geraten, weil sie ständig den Duft der verschiedenen Markierungen kontrollieren und überdecken müssen.

Luftangriffe

Kaninchen fürchten sich vor allem, was von oben kommt. Das ist ganz sinnvoll, denn ihre natürlichen Feinde, zu denen auch Greifvögel, Füchse, Marder und in weniger ländlichen Gebieten durchaus auch Katzen und Hunde gehören, kommen von oben, weil sie größer sind oder über den Kaninchenköpfen fliegen. Auch wenn es Sie erstaunt: Wir Menschen zählen ebenfalls zu Kaninchens Feindbild. Obwohl wir Kaninchen lieben, passen wir Menschen in das Schema der Beutegreifer, die von oben kommen und die Kaninchen packen.

Eindringlinge im Kaninchenbau

Selbst in ihrem Bau sind Kaninchen nicht vor Feinden sicher. Füchse, Dachse, Hermeline und Wiesel graben die Kaninchenbauten auf, um an die Nester mit den Neugeborenen zu gelangen. Wiesel und Hermeline sind wahrscheinlich die schlimmsten Feinde der Kaninchen. Sie sind klein genug, um in die Tunnel zu gelangen. Als marodierende Familienbanden fallen sie in die Bauten ein, um den Kaninchen den Garaus zu machen. Einige Tiere dringen in den Bau ein, um die verschreckten Kaninchen an die Erdoberfläche zu treiben, wo sie von den anderen Mitgliedern der Gruppe erwartet werden. Dann können die Kaninchen nur noch die Pfoten in die Hand nehmen und ihr Heil in der Flucht suchen.

Unfreundliche Kaninchenteckel

Schließlich werden Kaninchen auch bejagt. Kleine Hunde dringen problemlos in einen Kaninchenbau ein und treiben die Kaninchen an die Erdoberfläche, wo die Jäger mit schussbereiten Gewehren auf sie warten. Es gibt eine Dackelrasse, die sich Kaninchenteckel nennt. Diese Dackel sind besonders klein und passen mit ihrer schlanken, langen Gestalt gut in einen Kaninchenbau.

Auch Füchse freuen sich über zartes Kaninchenfleisch, wenn sie eins erwischen. Doch dabei lebt Reineke Fuchs überwiegend von Mäusen.

Gemeinsamkeiten mit Pferden

Da Kaninchen Beutetiere und keine Beutejäger sind, fällt es uns viel schwerer, mit ihnen zu kommunizieren. Der Mensch ist ein Jäger, ein Aggressor also. Wir verstehen andere Beutegreifer wie Hunde und Katzen besser, weil wir uns leichter in ihr Verhalten hineinversetzen können, ohne lange zu überlegen. Bei Kaninchen fällt uns das viel schwerer, weil das Kaninchen als Beutetier eine ganz andere Sichtweise von der Welt hat und sein Verhalten in bestimmten Situationen komplett von unserem Verhalten abweicht. Diejenigen, die Pferde halten oder sich mit der Psyche eines Pferdes beschäftigt haben, werden feststellen, dass Kaninchen und Pferde viel gemeinsam haben: Sie sind Beutetiere, suchen ihr Heil in der Flucht, haben einen ähnlichen Verdauungstrakt, leben in einer Herde, ihre Zähne wachsen nach und sie fressen Gras. Natürlich gibt es Größenunterschiede, obwohl das Ur-pferd auch nicht viel größer als ein Kaninchen gewesen ist. Pferde werden schon viel länger domestiziert als Kaninchen. Sie bauen auch keine Höhlen und bekommen meist nur ein Fohlen pro Saison. Sie können bei Gefahr jedoch auch blitzartig davonrennen – bloß Haken schlagen können sie nicht.

Plumpstaktik als Rettungsanker

Kaninchen ergreifen lieber die Flucht, als sich einem Kampf zu stellen. Deshalb halten sie sich immer in der Nähe eines sicheren Verstecks, nämlich eines Eingangs ihres Baus, auf. Durch die Noteingänge können sie schnell in ihren Bauten verschwinden, indem sie sich einfach hineinfallen lassen. Das hat ihnen in vielen Kulturen den Ruf eingebracht, magische Wesen zu sein, die plötzlich auftauchen und ebenso schnell wieder verschwinden können.

Pferde und Kaninchen haben viele Gemeinsamkeiten, auch wenn sie unterschiedlich groß sind.

Unter den Ästen ist das Kaninchen vor Luftangriffen geschützt und kann schnell ins Unterholz.

Wettbewerb im Haken-schlagen

Im Zweifelsfall suchen Kaninchen ihr Heil in der Flucht. Jeder, der schon mal versucht hat, sein Kaninchen in der Wohnung zu fangen, weiß, wie schnell und wendig die Tiere sind. Kaninchen können sehr schnell rennen. Ihre Körperform ist äußerst aerodynamisch. Außerdem können sie mit ihren kräftigen Hinterläufen plötzlich die Richtung ändern, eine Fähigkeit, die ihren Verfolgern versagt ist. Da Kaninchen auch während des Richtungswechsels eine Geschwindigkeit über 50 km /h über längere Zeit halten können, entkommen sie fast immer. Die meisten Hunde, Füchse etc. haben gegen ein flüchtendes Kaninchen keine Chance, und wenn sich ein Kaninchen zum Laufen entschlossen hat, geben die meisten Jäger schnell auf. Der Nachteil ist, dass sich das Kaninchen aus seinem sicheren Territorium entfernt und nach der Verfolgungsjagd wieder in seine Heimatgefilde zurückkehren muss.

Kaninchen sind Kickbox-champions

Wenn es sich nicht vermeiden lässt, stellen sich Kaninchen dem Kampf und werden zu ernst zu nehmenden Gegnern. Wenn man bedenkt, dass ihre scharfen Schneidezähne ohne Weiteres Äste durchbeißen können, kann man sich leicht vorstellen, dass Kaninchenbisse äußerst schmerzhaft sein können.

Kaninchen kämpfen aber nur, wenn es sich wirklich lohnt. Sie verteidigen gutes Futter gegenüber anderen Kaninchen, Rammler kämpfen um die Vormachtstellung im Bau und Häsinnen um einen besonderen Nestbauplatz. Dabei boxen sie mit ihren Vorderfüßen, hauen ihre scharfen Schneidezähne in das Fell des Gegners und verpassen ihm mit ihren muskulösen Hinterbeinen heftige Tritte. Ihre scharfen Zähne können beim Gegner blutende Wunden hinterlassen, aus denen sich unangenehme Abszesse entwickeln können. Deshalb sollten Bisswunden immer sorgfältig desinfiziert werden.

Außerdem haben Kaninchen scharfe Krallen, die für einen Gegner äußerst unangenehm werden können. Mit diesen Krallen können sie einem Gegner sogar den Bauch aufschlitzen, denn sie sind gebogen und wirken wie kleine Dolche.

Flotte Flitzer: In der Not werden Kaninchen richtig schnell, sie können fast „fliegen".

Kaninchensprache

Männchen machen

Beim Männchenmachen verschafft sich das Kaninchen einen besseren Überblick über seine Umgebung, indem es sich auf die Hinterbeine setzt. In der Natur dient dieses Verhalten in erster Linie dazu, um festzustellen, ob Feinde in der Nähe sind. Hauskaninchen recken sich oft neugierig, um manche Dinge besser in Augenschein zu nehmen oder haben gelernt, dass sie fürs Männchenmachen eine Belohnung bekommen.

Rammeln

Zunächst einmal ist das eine Verhaltensweise, die der Fortpflanzung dient. Aber auch weibliche Tiere können sogar unkastrierte Rammler berammeln, auch kastrierte Rammler oder Häsinnen rammeln. Der Chef berammelt den Untergebenen, denn die Verhaltensweise festigt die Machtposition des jeweils Rammelnden. Das kann sich aber auch ändern und die Tiere können sich abwechseln, da eine Hierarchie bei den Kaninchen kein starres Gefüge ist.

Wälzen

Entspannte Kaninchen wälzen sich genüsslich auf dem Rücken. So etwa, wie wir uns wohlig im Bett rekeln. Das Wälzen dient aber gleichzeitig auch der Fellpflege, denn auch beim Putzen kann sich selbst das gelenkigste Kaninchen nicht die Haare auf dem Rücken entfernen. Wenn Sie es besonders gut mit Ihrem Kaninchen meinen, stellen Sie ihm ein Sandbad zur Verfügung, darin wälzen sich die Hoppler am liebsten.

Anstupsen

Kaninchen stupsen sich gegenseitig mit der Nase an, um sich zu begrüßen. Das tun sie auch mit unseren Beinen oder unserem Gesicht, wenn wir auf dem Boden liegen. Es ist jedoch auch meistens eine Aufforderung: Dies kann Spielen, Füttern, Bürsten etc. sein.

Werden wir beim Kraulen oder Streicheln angestupst, heißt das: „Genug". Dann möchte unser Kaninchen lieber wieder in Ruhe gelassen werden.

Ohren anlegen

Angelegte Ohren bedeuten eigentlich bei allen Tieren das Gleiche: Bitte Abstand halten, geh weg. Ein Kaninchen mit angelegten Ohren möchte in Ruhe gelassen werden. Dieses Körpersignal haben die Beutetiere (Pferde und Kaninchen) mit ihren Jägern (Hunden und Katzen) gemein. Die Ohren werden flach an den Kopf gelegt und meistens wird auch noch der Hals eingezogen.

Ohren aufstellen

Kaninchen mit Stehohren können durch ihr Ohrenspiel wunderbar kommunizieren. Allerdings ist das für uns nicht immer leicht zu deuten. Aufgestellte Ohren bedeuten zunächst einmal Aufmerksamkeit und Interesse, sie können aber auch anzeigen, dass ein Kaninchen ärgerlich ist. Sitzt das Kaninchen aufrecht und hat die Ohren zunächst am Kopf liegen, stellt sie dann erst ein bisschen auf und

Beim Männchenmachen hat das Kaninchen den besten Überblick in alle Richtungen.

„Los, putz mich!" Anstupsen kann freundschaftlich gemeint sein, doch manchmal ist es fordernd.

Wälzen: Ein wohliges Sandbad gehört zum höchsten Kaninchenglück.

schließlich ganz senkrecht, ist das kein gutes Zeichen. Das Kaninchen ist sauer, und wenn die Ohren anschließend auch noch angelegt werden, startet der Hoppler gleich durch und wird richtig böse.

Kaninchen müssen aber nicht immer beide Ohren gleichzeitig aufstellen. Ein Ohr oben, eins unten heißt: halbes Interesse oder Neugier. Das Kaninchen befindet sich in einer Situation, in der es abwägt, ob etwas interessant oder furchterregend ist. Je nachdem, ob es dabei seinen Körper uns zugewandt oder abgewandt hat, wird das Interesse entweder größer oder lässt nach.

Putzen

Putzen dient natürlich dazu, das Fell zu reinigen, überflüssige Haare und Schmutz zu entfernen und sich gleichzeitig mit eigenen Drüsensekreten zu parfümieren. Wie bei allen Rudeltieren ist es jedoch auch eine soziale Geste. Das gegenseitige Putzen fördert den Zusammenhalt der Gruppe und stellt die Rangordnung klar.

Kaninchen können auch Katzenwäsche, dabei waschen sie sich sehr gründlich.

Hierarchie im Rudel

Das Putzen im Rudel ist in der Regel ein hierarchisches Signal. Normalerweise wird der Chef von seinen Untergebenen geputzt. Das dominante Kaninchen fordert auch zum Putzen auf. Diese Aufforderung ist jedoch nicht als höfliche Einladung zu verstehen, sondern ein Befehl, der auch ausgeführt werden muss. Es ist also keine so freundschaftliche Geste, wie wir erwarten würden.

Aufforderung zum Putzen

Eine Putzaufforderung des Kaninchens sieht meistens so aus: Das Kaninchen stupst uns mit der Nase an oder schiebt seinen Kopf unter unsere Hand. Dabei legt es sein Kinn auf den Boden und hebt das Hinterteil etwas nach oben. Ein Nichtbefolgen dieser Aufforderung kann ernste Konsequenzen haben und frustriert Kaninchen ungemein. Manche Tiere gehen soweit und beißen, wenn wir ihrer Aufforderung nicht nachkommen. Umgekehrt heißt das jedoch nicht, dass wir als Chef akzeptiert werden, wenn das Kaninchen uns ableckt. Manche Kaninchen sehen es mit der Hierarchie nicht so eng und putzen sich gegenseitig.

Streicheln – ein Privileg

Wir können unser Kaninchen auch zum Putzen auffordern. Dazu legen wir die Hand unter den Kopf des Kaninchens. Das heißt jedoch nicht, dass die Aufforderung akzeptiert wird. Gestreichelt zu werden ist ein Privileg für den Streichler, das heißt, das Kaninchen gibt uns die Ehre, sich streicheln zu lassen. Die meisten Kaninchen genießen das Streicheln sehr, am liebsten werden sie am Kopf, hinter den Ohren und im Nacken gekrault. Wenn sich ein Kaninchen am Bauch streicheln lässt, ist das ein riesiger Vertauensbeweis, denn wenn das Kaninchen seinen Bauch präsentiert, ist es praktisch wehrlos. Beim Streicheln kann man manchmal ein leises Zähneknirschen hören, das sich auch als Knirschbewegung bemerkbar macht.

Luftsprünge und Haken

Luftsprünge und Haken machen Kaninchen, wenn sie sich wohlfühlen. Viele Tiere haben einen großen Bewegungsdrang und sind, wenn sie erst mal losgelassen werden, kaum noch zu bremsen. Sie rennen Haken schlagend durch die Wohnung oder den Garten und springen dabei in die Luft. Kaninchen schlagen natürlich auch Haken, wenn sie vor Feinden fliehen. Der blitzartige Richtungswechsel dient dazu, den Verfolger abzuschütteln. Eine sehr clevere Taktik, denn alle Jäger – vor allem die Bodenjäger wie Hunde und Katzen – beherrschen diese Strategie nicht und verlieren kostbare Zeit beim Richtungswechsel. Man kann leicht erkennen, ob das Kaninchen aus Freude oder aus Furcht Haken schlägt.

Manchmal machen die Tiere eine Art Kopfschüttelbewegung. Sie nehmen den Kopf etwas zurück und schütteln die Ohren, indem sie den Kopf etwas verdrehen. Das kommt häufig vor und ist sozusagen das Vorspiel oder der Ersatz für die Luftsprünge und Haken. Bei schwer sichtbarer Gartenumzäunung sollte man den Tieren ein Sichthindernis an den Zaun stellen, sonst rennen sie gegen den Zaun, weil sie ihn nicht sehen können.

Eine Wiese für die Luftsprünge – gute Laune an einem perfekten Kaninchentag.

Kinn rubbeln

Das Kinn-Rubbeln ist ein Markierverhalten und dient dazu, die Umgebung, die Artgenossen oder den Menschen mit dem eigenen Parfüm zu kennzeichnen. Das stärkt das Gruppengefühl, macht die Kaninchen selbstbewusst und zeigt unmissverständlich, wer zu wem gehört. Für die Kaninchen ist dies sehr wichtig, denn sie verständigen sich über „dufte" Botschaften.

Alles, was im Weg steht, wird mit dem Kinn berubbelt. Egal, ob Häuschen, Kumpel oder Mensch!

Dieses Kaninchen ist sehr entspannt und döst in der Sonne. Es fühlt sich in seiner Umgebung sicher und geborgen.

Dieses Kaninchen hat Angst. Geduckt, mit angelegten Ohren und aufgerissenen Augen verharrt es und hofft, dass die Gefahr vorübergeht.

Ruhestellung

Die Kaninchen sitzen geduckt mit halbgeschlossenen Augen. Sie sehen dabei aus wie eine Henne, die ihre Eier ausbrütet. Wenn das Kaninchen so sitzt, ist es entspannt. Die Tiere ruhen, sind aber dennoch aufmerksam und zur Flucht bereit.

Entspannt auf der Seite liegen

Kaninchen strecken sich lang aus, wenn sie sich sicher und geborgen fühlen und sich ganz entspannen können. Wenn sie dann noch den Kopf auf die Seite legen, ist das Kaninchen richtig relaxt oder es schläft sogar. Manche Kaninchen drehen dabei den Kopf ruckartig zur Seite und lassen sich zur Seite fallen. Dieses Verhalten wird von manchen Besitzern mit einem epileptischen Anfall verwechselt und sieht auch tatsächlich so aus, es ist aber ein Zeichen äußersten Wohlbefindens.

Ducken

Kaninchen ducken sich, wenn sie sich kleinmachen wollen – entweder um nicht gesehen zu werden oder als Unterwürfigkeitsgeste einem ranghöheren Tier gegenüber. Sie kauern sich dabei auf den Boden und legen die Ohren zurück, um wenig Angriffsfläche zu bieten. Ducken ist immer ein Zeichen von Furcht oder Unterordnung. Die Kaninchen haben dabei stets weit aufgerissene Augen um ihre Umgebung gut im Blick zu haben.

Scharren und Buddeln

Im Boden zu scharren und zu buddeln liegt in der Natur der Kaninchen. Da sie gern graben, um ihre Bauten zu erweitern, neue Tunnelsysteme zu bauen und natürlich auch, um gleichzeitig die Krallen abzuwetzen, sollten sie eine Gelegenheit dazu bekommen. Das kann in Form einer Buddelkiste sein. Noch besser ist es, wenn die Tiere im Garten buddeln können.

Kot fressen

Wenn Kaninchen ihren Kot fressen, ist das ganz natürlich. Der sogenannte Blinddarmkot ist speziell zum Recyceln gemacht. Er ist klebriger und wird beim Putzen meist direkt vom After aufgenommen. Bei dicken Kaninchen klebt der Blinddarmkot auch oft am Po fest, weil sie sich nicht richtig putzen können. Kaninchen brauchen ihn für eine ausgewogene Vitaminversorgung. Der Bilddarmkot findet sich auch manchmal im Käfig und wird oft mit Durchfall verwechselt.

Zähneknirschen

Leichtes, leises Zähneknirschen oder Vor-sich-hin-Mümmeln kann man manchmal beim Streicheln hören. Dies ist ein Wohlfühl-signal und bedeutet, dass das entspannte Kaninchen die Streicheleinheiten genießt.

Sitzt das Kaninchen jedoch geduckt mit angelegten Ohren im Käfig und knirscht mit den Zähnen, ist das kein gutes Zeichen. Meis-tens weist es auf Schmerzen hin, die nicht unbedingt immer von den Zähnen ausgehen müssen. Das sollte unbedingt vom Tierarzt abgeklärt werden.

Nasenblinzeln

Die schnellen Nasenbewegungen, die wir bei Kaninchen beobachten können, das soge-nannte Nasenblinzeln, zeigt nicht nur an, dass das Kaninchen intensiv schnuppert, sondern auch, dass es besonders aufmerksam ist. Ir-gendein Gegenstand oder Geruch scheint sehr interessant zu sein und deshalb wird die Nase schnell bewegt. Das Nasenblinzeln signalisiert aber auch Begrüßung. Wenn ein Kaninchen mit dem Nasenblinzeln nachlässt, oder sein Näschen gar nicht mehr schnell bewegt, ist es entspannt oder nicht mehr so interessiert.

Versuchen Sie ruhig, mit Ihrem Kaninchen durch Nasenblinzeln zu reden, selbst wenn der Rest der Familie um Ihre geistige Gesund-heit fürchtet. Denn langsames Nasenblinzeln dient als Beruhigungsgeste frei nach dem Motto: Beruhige dich, es ist alles in Ordnung. Dazu legen Sie sich am besten auf den Boden und rollen Ihre Oberlippe immer wieder hoch oder kräuseln die Nase, das sieht zugegebe-nermaßen etwas bizarr aus, aber wenn Sie es richtig machen, wird Ihr Kaninchen Sie hof-fentlich verstehen.

Kopfschütteln

Kaninchen setzen ihren Kopf und ihre Ohren sehr stark zur Kommunikation ein. Kopfschüt-teln kann Ablehnung oder Zustimmung, ja so-gar Freude bedeuten, je nachdem in welchem Zusammenhang es eingesetzt wird. Schüttelt das Kaninchen beim Streicheln den Kopf, heißt das: „Genug! Ich will jetzt meine Ruhe haben." Kopfschütteln mit halber Drehbewegung des Kopfes ist oft die Einleitung für Luftsprünge und Hakenschlagen. Schaudert oder zittert das Kaninchen dabei gleichzeitig, ist das ein Zeichen von Wohlbefinden. Dabei setzt es sich ein wenig auf und schüttelt sich ein bisschen. Manchmal wird der Kopf mitgeschüttelt.

Gänseblümchen sind gesund, denn sie enthalten Öle und Bitterstoffe und sind gut für die Verdauung.

Trommeln

Trommeln ist keineswegs ein Zeichen für eine musische Begabung, sondern Ausdruck höchster Unzufriedenheit. Kaninchen trommeln, um ihre Rudelmitglieder vor Gefahren zu warnen. Sie klopfen mit ihren Hinterbeinen rhythmisch auf den Boden, es hört sich an, als ob sie eine Pauke schlagen. Das Trommeln kann aber auch eine Warnung an Zweibeiner sein, die sich falsch verhalten. Es wird als akustisches Signal für höchste Unzufriedenheit eingesetzt und ich bekomme es leider oft zu hören, weil in meiner Tierarztpraxis meistens unangenehme Dinge passieren. Es wird allerdings erst getrommelt, wenn die Kaninchen wieder in der sicheren Transportbox sind.

Schreien

Kaninchen können unglaublich laut schreien und die Besitzer sind immer ganz entsetzt, wenn sie das hören. Schreien ist ein Zeichen für höchste Gefahr und wird von den Kaninchen nur dann eingesetzt, wenn sie Todesangst haben. Denn als Beutetiere sind sie normalerweise bestrebt, möglichst wenig Lärm zu verursachen, um ihre Feinde nicht aufmerksam zu machen.

Ein schreiendes Kaninchen beruhigt man am besten, indem man es in ein Handtuch wickelt oder in den dunklen Transportkorb setzt. Die Tiere fühlen sich in einer dunklen Höhlenatmosphäre wohl und sicher, der Adrenalinspiegel sinkt dann schnell.

Rennen bedeutet nicht immer Flucht. Im Herbst, wenn es kühler wird, toben Kaninchen gern und viel.

Paarung und Nachwuchs

Geschlechtsreife

Das sprichwörtliche „Vermehren wie die Karnickel" kommt nicht von ungefähr: Die Geschlechtsreife setzt mit circa 3 Monaten schon relativ früh ein. Meistens werden die Häsinnen erst mit fünf Monaten trächtig. Forscher haben herausgefunden, dass die Pubertät der Kaninchen eher von der Rasse und dem Gewicht abhängt als vom Alter. Je kleiner die Kaninchenrasse, desto früher setzt die Pubertät ein. Bei Zwergkaninchen mit ungefähr vier bis fünf Monaten, bei Stallkaninchen mit fünf bis acht Monaten. Wie beim Menschen auch, werden die Mädels früher geschlechtsreif als die Jungs.

Ökonomischer Eisprung

Die Trächtigkeit beim Kaninchen dauert ungefähr 30 Tage. Es kommt nur zum Eisprung, wenn die Häsin gedeckt wird. Ist der Deckakt nicht erfolgreich, kann eine sogenannte Scheinträchtigkeit einsetzen, die ungefähr 16 Tage dauert. Während der Scheinträchtigkeit baut die Häsin Nester und zeigt Verhaltensweisen, die bei trächtigen Häsinnen kurz vor der Geburt vorkommen. Es ist äußerst wirtschaftlich für das Kaninchen, dass der Eisprung nur durch den Deckakt ausgelöst wird. Anstatt wertvolle Eizellen zu vergeuden, werden sie einfach vom Körper absorbiert und nicht unnötig verschwendet. Wenn man sich vor Augen hält, dass Kaninchen mit magerem Futter auskommen müssen, ist es eine sinnvolle Erfindung der Evolution.

Frühlingsgefühle

Kaninchen pflanzen sich während der warmen Jahreszeit fort. Die Phase dauert von März bis September und wird von der Tageslichtlänge und der Intensität der UV-Strahlung beeinflusst. Bei günstigen Umweltbedingungen ist die Häsin während der ganzen Saison brünstig. Sie hat einen Fortpflanzungszyklus von ungefähr sieben Tagen. Auch eine bereits trächtige Häsin kann vom Verhalten her brünstig erscheinen und wird manchmal während der Trächtigkeit erneut gedeckt, allerdings ohne Folgen.

Kindersegen

Wenn man von einer Fortpflanzungssaison von Januar bis September ausgeht, kann eine Häsin in dieser Zeit sechs Würfe und ungefähr 30 Junge bekommen. Eine Häsin kann bereits zwölf Stunden nach der Geburt wieder gedeckt werden. In der Natur sind die Häsinnen während der Sommerzeit trächtig und säugen währenddessen den vorherigen Wurf. In der späten Trächtigkeit kann es zu Frühgeburten kommen, sodass sich vor dem Geburtstermin tote Junge im Nest befinden können. Diese werden meistens, aber nicht immer, von der Häsin aufgefressen.

Nichts wird verschwendet

Kaninchen abortieren nicht. Es werden also keine unfertigen Jungen geboren. Kommt es während der Trächtigkeit zu Problemen oder entwickeln sich die einzelnen Föten nicht richtig, werden sie absorbiert, also vom Körper aufgesogen. Das ist eine weitere Überlebensstrategie. Zum einen werden keine wertvollen „Reserven" verschwendet und die Energie, die in den Föten steckt, wird der Mutter zugeführt, zum anderen könnten tote Babys oder Überreste von Aborten Feinde anlocken und das gesamte Rudel gefährden.

Die Paarung

In vielen Fällen ist die Paarung bei Kaninchen eine kurze Angelegenheit und nach wenigen Minuten vorüber. Dabei fällt der Rammler nach dem Deckakt oft wie tot von der Häsin herunter.

Brautwerbung

Eine brünstige Häsin ist für den Rammler durch Pheromone erkennbar. Das sind Sexualgeruchsstoffe, die von ihr abgesondert und vom Rammler wahrgenommen werden.

Die Kaninchen beriechen sich zuerst am Po, um den Geruch ihrer Anal- und Perianaldrüsen aufzunehmen und sich sozusagen die Visitenkarte zu überreichen. Danach hoppelt der Rammler hinter der Häsin her und hält ungefähr fünf Meter Abstand. Langsam vermindert er den Abstand und prüft, ob sich die Häsin decken lässt. Die Häsin dreht manchmal den Spieß um und hoppelt ihrerseits dem Rammler hinterher.

Dein Duft, mein Duft

Ein besonderer Liebesbeweis, der uns absonderlich vorkommt, ist das Bespritzen mit Urin. Dabei nähert sich der Rammler der Häsin blitzartig, dreht sich um, hebt sein Hinterteil

„Lass mal riechen!" Zuerst Nase an Nase, aber diese Dame ist zickig und bleibt lieber im Haus.

„Und wer bist Du?" – Sie ist freundlicher und lässt sich ausführlich beschnüffeln.

und bespritzt sie mit Urin. Dies dient als Kennzeichen oder quasi als Ehering, damit die anderen Rammler wissen, dass diese Dame bereits vergeben ist.

Eine deckbereite Häsin bleibt nach dem Hoppelspiel stehen, biegt ihren Rücken durch und hebt ihr Hinterteil etwas an. Der Rammler besteigt die Häsin und umklammert sie mit den Vorderpfoten. Nach der erfolgreichen Paarung, die schnell vonstatten geht, fällt der erschöpfte Rammler zur Seite und gibt ein merkwürdig grunzendes Geräusch von sich.

Nestbau

Eine Tragzeit dauert ungefähr 30 Tage. Dabei kommen je nach Rasse vier bis fünf Junge zur Welt. Bei der ersten Trächtigkeit sind es meist weniger, die Zahl der Jungen nimmt mit den nachfolgenden Trächtigkeiten zu.

Zwei Wochen vor der Geburt beginnt die Mutter mit dem Nestbau. In der Natur erweitert sie dafür eine bereits vorhandene Höhle oder gräbt einen neuen Tunnel mit Kinderzimmer. Auch bei Hauskaninchen kann man beobachten, dass die Häsin vermehrt in ihrem Käfig herumgräbt. Die werdende Mutter kann ihr Verhalten gegenüber anderen Familienmit-

gliedern ändern. Sie mag es jetzt nicht mehr so gern, wenn man sie aus dem Käfig nimmt oder diesen reinigt. Schließlich hat sie ihr Revier mühsam markiert. Daher wird sie entweder aggressiv reagieren oder sich in einer Ecke verstecken, wenn wir in den Käfig greifen. Kurz vor der Geburt, meist ein bis zwei Tage vorher, beginnt sie damit, das Nest auszupolstern. Die Babys brauchen einen warmen, sicheren Platz, um nicht zu erfrieren, denn sie kommen nackt und blind zur Welt. Daher trägt die Häsin Streu, Stroh und Heu zusammen und türmt es zu einem Berg auf. Wenn das Nest fertig ist, sieht es aus wie eine Vase mit breitem Boden, die sich nach oben hin verjüngt. Um das Nest kuschelig und warm zu machen, rupft sich die Häsin Fell an Brust, Bauch und Wamme aus.

Keine Rabeneltern

Die Geburt bewerkstelligt die Häsin allein. Meistens findet sie in den frühen Morgenstunden statt. Die Häsin nabelt ihre Jungen ab, leckt sie sauber und frisst die Nachgeburt auf, um durch den Geruch keine Feinde anzulocken. Die Kleinen sind bei der Geburt nackt, blind und taub.

Danach kommt es zu einer kurzen Verfolgungsjagd, bis sie sitzen bleibt, …

den Rücken durchdrückt, und ihm das Hinterteil entgegenstreckt, damit er zur Tat schreiten kann.

Das Säugen der Jungen

Direkt nach der Geburt werden die Jungen gesäugt. Das dauert ungefähr fünf Minuten, denn die Jungen sind noch etwas unbeholfen und müssen erst lernen, die Zitze in kürzerer Zeit zu finden. Die Häsin kümmert sich nur ein- bis maximal zweimal am Tag um ihre Jungen. In dieser Zeit müssen die kleinen Kaninchen so viel Milch wie möglich trinken. Die Zeitdauer des Säugens wird mit zunehmendem Alter der Kleinen immer kürzer. Mit ihren feinen Näschen können sie innerhalb von Sekunden die Zitzen der Mutter finden, um Milch zu trinken. Direkt nach der Milchmahlzeit urinieren die Kaninchenkinder. Sie müssen nicht wie Hunde oder Katzen von ihrer Mutter dazu angeregt werden, indem diese das Bäuchlein und den After leckt.

Im Verborgenen

Nach dem Säugen verlässt die Mutter das Nest und verschließt es mit etwas Erde oder scharrt es mit Einstreumaterial zu. Das ist in freier Natur wichtig, damit die Jungen nicht von Feinden gefressen werden. Nach ungefähr drei Wochen verschließt die Mutter das Nest nicht mehr, damit die Jungen ihre Umgebung erforschen können, denn jetzt haben sie ein flauschiges Fell, können sehen und hören und beginnen, an festem Futter zu knabbern.

Kaninchen-Väter

Es wird behauptet, die Väter müssten unbedingt aus dem Stall entfernt werden, weil sie sich den Jungen gegenüber aggressiv verhalten und diese sogar töten würden. Das stimmt so nicht. Kaninchenväter sind zwar nicht son-

Oben: Zuerst werden die Haare an Brust, Bauch und Wamme ausgerupft, damit das Nest weich ist. Mitte: Dann wird eine Höhle gebuddelt, die Streu zurechtgescharrt und in einer Ecke aufgetürmt. Unten: Fertig ist das Babybett. Nun fehlen nur noch die Kaninchenkinder.

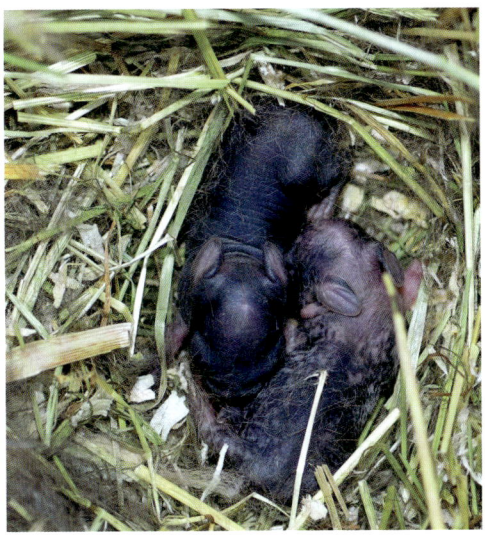

Kaninchenbabys kommen nackt und blind zur Welt. Am Anfang trinken und schlafen sie nur und sind auf die Versorgung der Mutter angewiesen.

Eine Hand voll Kaninchen: Wenn er erst mal groß ist, kann er ganz toll Haken schlagen, aber das dauert noch ein paar Wochen.

derlich an ihrem Nachwuchs interessiert, doch hin und wieder sehen sie im Nest nach, ob alles in Ordnung ist und lecken ihre Kinder ab. Bedenklich wird es allerdings, wenn der Rammler nicht der Vater ist. Dann muss er auf jeden Fall aus dem Stall entfernt werden. Kaninchen wissen instinktiv, ob die Nachkommen von ihnen oder von anderen Rammlern sind.

Fremdbakterien: Verdauung bei kleinen Kaninchen

Mit ungefähr zwei Wochen beginnen Kaninchen, feste Nahrung aufzunehmen. Sie fressen dabei meist Material, das die Mutter zum Nestbau verwendet hat. Während dieser Zeit nehmen sie auch Kotkügelchen der Mutter auf, die sie im Nest hinterlassen hat. Wahrscheinlich brauchen sie die im Kot enthaltenen Bakterien, damit sich eine Magen-Darm-Flora entwickeln kann, um Heu, Gras und sonstige Nahrung verdauen zu können. Langsam fressen sie immer mehr und verlassen dann auch bald das Nest.

Die Welt entdecken

Im Alter von ungefähr drei Wochen fangen die kleinen Kaninchen an, ihre Umgebung zu erforschen. Sie haben nun ein flauschig weiches Fell und sehen aus wie kleine Wattebäuschchen. Sie verlassen das Nest, knabbern an Halmen und erkunden ihre Umgebung. Von ihrer Mutter werden sie jetzt langsam entwöhnt. Sie lässt die Kleinen nur noch ungern saugen, denn in freier Natur steht ihr schon wieder der nächste Nachwuchs bevor.

Gewöhnung an den Menschen

Jetzt ist die Zeit gekommen, die Kleinen behutsam an den Menschen zu gewöhnen. Am besten bietet man ihnen zuerst Leckerbissen wie Petersilie oder schmackhafte Kräuter wie Löwenzahn aus der Hand an. Rennen sie nicht mehr aufgeregt in ihr Nest zurück, um sich zu verstecken, kann man sie auf die Hand nehmen und streicheln. Sie sollten auch unter Aufsicht aus dem Käfig gelassen werden, um in der Wohnung herumzuhoppeln. Aber seien Sie vorsichtig! Kleine Kaninchen sind sehr

neugierig und nehmen alles in den Mund. Daher sind sie Gefahren ausgesetzt, wenn sie unbeaufsichtigt durch die Gegend hoppeln. Im Sommer können sie auch ins Freigehege gesetzt werden, damit sie den Geschmack von frischem Gras kennenlernen und sich an die vielen Geräusche gewöhnen können. Hundegebell, Musik, Flugzeuglärm, der Rasenmäher des Nachbarn, schreiende Kinder – das sind alles Geräusche, die uns banal vorkommen. Doch für die kleinen Kaninchen ist es eine Flut von Sinneseindrücken, an die sie sich erst gewöhnen müssen.

Ungefähr ab der vierten Lebenswoche kann mit der Erziehung begonnen werden. Alle, die glauben, ein Kaninchen könne man nicht erziehen, irren sich gewaltig. Kaninchen sind zu wesentlich mehr Intelligenzleistungen fähig, als wir glauben. Sie haben ein sehr gutes Gedächtnis – fast wie ein Elefant.

Handaufzucht

Bei der mutterlosen Aufzucht junger Kaninchen sind einige Besonderheiten zu beachten. Kleine Kaninchen brauchen nicht so oft mit Milch gefüttert zu werden wie Hunde und Katzen. Sie werden von der Häsin auch nur ein- bis zweimal pro Tag gesäugt. Sie benötigen auch keine Bauchmassage nach der Milchmahlzeit wie Hunde- und Katzenwelpen.

Milchöl-Produktion
Kaninchenbabys haben keine Mikroorganismen in ihrem Verdauungstrakt, die bei älteren Tieren die einzelnen Nahrungsbestandteile aufspalten. Sie trinken Milch, diese gerinnt im Magen und wird dann verdaut. Die geronnene Milch hat einen relativ hohen pH-Wert (zwischen 5,0–6,0). Dieser hohe pH-Wert würde bei anderen Tierarten zu einem explosionsartigen Wachstum von Mikroorganismen, sprich Bakterien, und massiven Verdauungsstörungen führen. Nicht jedoch bei kleinen Kanin-

chen. Das liegt daran, dass sie ein sogenanntes Milchöl produzieren. Das Milchöl ist eine Fettsäure, die antimikrobiell wirkt und Mikroorganismen abtötet. Es wird im Magen der Kaninchen gebildet, sie benötigen jedoch einen Bestandteil in der Muttermilch dazu.

Stirbt die Mutter oder werden die Kaninchen mit anderer Milch aufgezogen, können sie das Milchöl nicht produzieren. Deswegen kommt es bei ihnen häufiger zu Verdauungsstörungen als bei der mutterlosen Aufzucht anderer Tierarten.

Nach und nach nimmt die Milchölproduktion ab. Die kleinen Kaninchen fressen Kotkügelchen ihrer Mutter und die Magen-Darm-Bakterienflora der Kaninchen entwickelt sich. Deswegen müssen von Hand aufgezogene kleine Kaninchen im Alter von ungefähr drei Wochen Kot von anderen Kaninchen fressen können.

Kaninchen mit der Hand aufzuziehen, ist gar nicht so leicht. Oft leiden sie an Verdauungsproblemen.

Kaninchenrassen im Überblick

Bei 64 Rassen mit verschiedenen Farbschlägen kann man leicht den Überblick verlieren. Viele Kaninchen aus dem Zoofachgeschäft sind tatsächlich Rassekaninchen, die in kleinen Merkmalen vom Idealtyp einer Rasse abweichen und deshalb vom Züchter abgegeben wurden. Da Kaninchen auch als Rassetiere sehr populär sind, soll versucht werden, in das Wirrwarr aus Farbschlägen, Fellfärbungen und verschiedenen Körpergrößen etwas Klarheit zu bringen.

Kaninchen werden seit dem 12. Jahrhundert gezielt gezüchtet. Zunächst aber nicht der Schönheit wegen, sondern wegen ihres Pelzes (Hermelinkaninchen) oder als Nahrungsquelle. Um 1880 wurden die ersten Kaninchenzuchtverbände gegründet, die ihre Tiere auch ausstellten und bewerteten. Zunächst sahen die Züchter ihre Kaninchen vor allem als Fleisch- und Felllieferanten. Erst nach dem Zweiten Weltkrieg wurden auch Kaninchen wegen ihres Aussehens gezüchtet und ausgestellt. In Deutschland sind ca. 90 Rassen mit ca. 370 Farbschlägen im ZDRK (Zentralverband deutscher Rasse-Kaninchenzüchter) anerkannt.

Es gibt noch andere Rassen, wie z.B. das belgische Bartkaninchen, die bisher nur im kleineren Verband, dem BDK (Bund deutscher Kaninchenzüchter), anerkannt sind. Da jedoch immer wieder Neuzüchtungen von beiden Verbänden anerkannt werden, ist die unten aufgeführte Liste nicht immer gültig, sondern befindet sich im ständigen Wandel. Die zugelassenen Rassen werden in sogenannte Abteilungen unterteilt.

Kaninchenzucht

Kaninchen werden schon sehr lange gezüchtet. Ursprünglich jedoch eher, um den Speiseplan zu bereichern oder aber, um sich im Winter mit ihrem Fell zu wärmen. Kaninchenausstellungen, auf denen das Aussehen der Tiere beurteilt wird, gibt es bereits seit 1881. 1880 wurde der erste Rassekaninchenzuchtverband Deutschlands in Chemnitz gegründet unter Federführung von Julius Lohr. Er war auch der Erste, der ein einheitliches Bewertungssystem für Kaninchenschauen aufstellte. Dabei handelte es sich um eine 100-Punkte-Bewertungsskala, die bis heute Gültigkeit hat. Das Motto des ersten Kaninchenzuchtvereins war jedoch nicht, Kaninchen als Gesellschaft im Haus zu halten, sondern vielmehr: „Kaninchenfleisch muss Volksnahrung werden." Die Motive, ein Kaninchen zu halten, haben sich deutlich geändert.

Kaninchenzuchtvereine

Die ca. 180 000 Kaninchenzüchter sind in rechtlich eingetragenen Vereinen organisiert. Der Größte dieser Vereine ist der Zentralver-

band der Deutschen Rasse-Kaninchenzüchter (ZDRK), der wiederum aus vielen Landes- und Kreisverbänden besteht. Weitere kleinere Verbände sind z.B. der Bund Deutscher Kaninchenzüchter (BDK) oder auch Spezialverbände, die sich ausschließlich der Zucht und Erhaltung einer speziellen Rasse verschrieben haben. Doch damit nicht jeder in Europa seine eigene Suppe kocht und Rassekaninchen in den einzelnen europäischen Ländern gleich bewertet werden, wurde von der „Entente Européenne d'Aviculture et de Cuniculture" ein

Abteilung I	Große Rassen	Deutsche Riesen grau und andersfarbig, Deutsche Riesen weiß, Deutsche Riesenschecken, Deutsche Widder
Abteilung II	Mittelgroße Rassen	Meißner Widder, Helle Großsilber, Champagne Silber, Großchinchilla, Mecklenburger Schecken, Englische Widder, Deutsche Großsilber, Burgunder, Blaue Wiener, Blaugraue Wiener, Graue Wiener, Schwarze Wiener, Weiße Wiener, Weiße Hotot, Rote Neuseeländer, Weiße Neuseeländer, Große Marderkaninchen, Kalifornier, Japaner, Rheinische Schecken, Thüringer, Weißgrannen, Hasenkaninchen, Alaska, Havanna
Abteilung III	Kleine Rassen	Kleinschecken, Separator, Deutsche Kleinwidder, Kleinchinchilla, Deilenaar, Marburger Feh, Sachsengold, Rhönkaninchen, Luxkaninchen, Perlfeh, Kleinsilber, Englische Schecken, Holländer, Lohkaninchen, Marderkaninchen, Siamesen, Schwarzgrannen, Russen, Kastanienbraune Lothringer
Abteilung IV	Zwergrassen	Zwergwidder, Zwergschecken, Hermelin, Farbenzwerge
Abteilung V	Haarstrukturrassen	Satin, Satin-Elfenbein, Satin-Schwarz, Satin-Blau, Satin-Havanna, Satin-Rot, Satin-Feh, Satin-Kalifornier, Satin-Hasenfarbig, Satin-Thüringer, Satin-Chinchilla, Satin-Siamesen, Satin-Castor, Satin-Lux
Abteilung VI	Kurzhaarrassen	Rexkaninchen, Chin-Rexe, Blau-Rexe, Weiß-Rexe, Dreifarben-Schecken-Rexe, Dalmatiner-Rexe, Gelb-Rexe, Castor-Rexe, Schwarz-Rexe, Havanna-Rexe, Blaugrau-Rexe, Rhön-Rexe, Japaner-Rexe, Feh-Rexe, Lux-Rexe, Loh-Rexe, Marder-Rexe, Russen-Rexe, Zwerg-Rexe
Abteilung VII	Langhaarrassen	Angora, Fuchskaninchen, Jamora, Zwergfuchskaninchen

allgemeingültiger europäischer Standard für inzwischen viele verschiedene Kaninchenrassen entwickelt. Dieser ermöglicht es, die Tiere aus verschiedenen europäischen Ländern auf gemeinsamen Schauen auszustellen und bewerten zu lassen.

Rassestandards

Dieser sogenannte Standard ist quasi die Bauanleitung für ein Rassekaninchen. Im Standard ist genau festgelegt, wie das Zuchtziel auszusehen hat – also wie das ideale Tier der jeweiligen Rasse aussehen sollte. Weiterhin wird beschrieben, wie Körperform, Typ, Haarstruktur, Fellfarbe und Gewicht beschaffen sein sollten und was als schwerer Fehler zu bewerten ist. Der Standard ist festgelegt und kann in verschiedenen Büchern nachgelesen oder beim Zentralverband der Kaninchenzüchter erfragt werden. Dort gibt es auch Farbtafeln für viele Kaninchenrassen, die neben einer Abbildung der jeweiligen Rasse den Standard genau beschreiben. Der Standard kann in verschiedenen Ländern unterschied-

Oh je, jetzt kommt gleich der Zuchtrichter und zupft an meinen Ohren.

lich ausgelegt werden, sodass nationale Abweichung durchaus vorkommen, aber immerhin ermöglicht er eine europaweite Vereinheitlichung einer Rasse.

Kaninchenschauen

Von den Kreis- und Landesverbänden der jeweiligen Vereine werden Kaninchenschauen organisiert, die häufig im Herbst stattfinden. Es gibt allgemeine Schauen, spezielle Jungtierschauen, Rammlerschauen und vieles mehr. Zu den größten Kaninchenausstellungen in Deutschland zählen die Bundesrammlerschau, auf der nur männliche Tiere gezeigt werden, und die Bundeskaninchenschau, die jedes Jahr stattfindet. Auf so einer großen Schau werden bis zu 30 000 Kaninchen ausgestellt. Für die Züchter sind diese Schauen besonders interessant, da sie gleichzeitig als Verkaufsschauen dienen. Viele der ausgestellten Tiere wechseln auf der Schau den Besitzer, wobei die Preise für hochdekorierte Kaninchen durchaus im dreistelligen Bereich angesiedelt sind.

Einen guten Überblick über die verschiedenen Kaninchenrassen und die einzelnen Fellfarben kann man sich jedoch auch auf einer kleineren Kreisschau verschaffen. Der Menschenandrang ist dort wesentlich geringer als bei den großen Schauen, bei denen man fast nur durch die Gänge geschoben wird.

Rassekaninchen oder Mischling

Die meisten im Zoofachhandel erhältlichen Tiere sind Mischlinge, die für den Verkauf im Zoogeschäft gezüchtet wurden. Es sind durchaus auch Rassekaninchen zu bekommen, die von vielen Züchtern zum Weiterverkauf an die Zoogeschäfte abgegeben werden, da die Züchter selbst nur sehr wenige Rammler für die Zucht behalten oder überzählige weibliche Tiere abgeben. Als Züchter behält man nur die

„Wenn ich mal groß bin, gewinne ich alle Pokale!" – Im Laufsteghoppeln ist er schon ein echter Siegertyp.

vielversprechendsten Tiere für die Zucht. Außerdem fallen bei der Zucht gescheckter Tiere auch immer einfarbige Tiere oder Tiere, deren Fellzeichnung nicht ganz optimal ist. Diese Tiere sind für die Zucht uninteressant, als Heimtiere jedoch genauso liebenswert wie alle anderen.

Rasseunterschiede

Viele Kaninchenhalter bevorzugen eine bestimmte Rasse und wählen ein Rassekaninchen aus. Die einzelnen Kaninchenrassen haben unterschiedliche Ansprüche an Bewegung, Unterbringung, Pflege und unterscheiden sich zum Teil erheblich vom Charakter. So sind z.B. die nervösen Hasenkaninchen mit ihrer enormen Sprungkraft für Kinder gar nicht geeignet. Sie sind keine Streicheltiere und brechen gern aus jedem Gehege aus – wenn nicht unter dem Zaun hindurch, dann eben darüber. Die Tiere können aus dem Stand locker bis zu zwei Meter springen.

Wer auf der Suche nach einem Rassekaninchen ist, sollte sich an den örtlichen Kleintierzuchtverein wenden, um einen Züchter seiner Wahl zu kontaktieren. Viele Kaninchenzüchter haben heute eigene Websites, über die man einen Kontakt herstellen kann – Suchmaschinen erleichtern die Suche.

Löwenköpfe – Vermeintliche Rassekaninchen

Manche als Rassekaninchen angepriesene Tiere gehören gar keiner offiziell anerkannten Rasse an, weil sie aus Kreuzungen verschiedener Rassen entstanden sind und ihre Nachzucht zu uneinheitlich ist. So findet man in vielen Geschäften die Bezeichnung „Löwenkopfkaninchen". Diese Kaninchen sind Mischlinge aus kleinen Rassen, bei denen langhaarige Tiere eingekreuzt wurden.

Sie haben meist längere Haare am Kopf und Hals, der Behang soll an einen Löwen erinnern. Obwohl sie von vielen Züchtern gezüchtet werden und auch gemeinhin als Löwenköpfe bekannt sind, macht sie das noch lange nicht zu einer anerkannten Rasse. Für diese Tiere gibt es keinen festgelegten Standard und die Zuchtergebnisse können hinsichtlich Körperform, Größe, Farbe und Haarlänge sehr unterschiedlich ausfallen. Das heißt natürlich nicht, dass diese Kaninchen schlechter als die anerkannten Rassen sein müssen. Am ehesten ähneln Löwenkopfkaninchen den belgischen Bartkaninchen, die offensichtlich auch bei der Entstehung der Löwenköpfe beteiligt waren und bisher noch nicht vom ZDRK zugelassen sind.

Abteilung I – Große Rassen

Große Kaninchenrassen wurden ursprünglich wegen ihres Fleisches gehalten und zu diesem Zweck werden sie auch heute noch gezüchtet. Ein bis zu 12 kg schweres Kaninchen ergibt nun mal einen schöneren Festtagsbraten als ein 1 kg schweres Hermelinkaninchen.

Keine Kuscheltiere

Auch wenn die Haltung großer Rassen als Heimtier in Deutschland immer populärer wird, ist sie nicht ganz unproblematisch. Aufgrund ihrer enormen Größe und ihres durchaus beträchtlichen Gewichts haben die Kaninchen höhere Ansprüche an ihre Haltung als kleinere Tiere. Im Extremfall kann ein Deutscher Riese bis zu 12 kg schwer werden – das Normalgewicht dieser Tiere beträgt immerhin 7 kg. Diese Kaninchen sind als Streichel- und Schmusetiere nicht geeignet. Riesenkaninchen sind in der Regel intelligent und lassen sich weniger leicht händeln als

ihre kleineren Artgenossen. Oft ist ihre Lebenserwartung kürzer als bei kleinen Rassen, dafür neigen sie wegen des schlankeren Kopfes weniger zu Zahnproblemen.

Alles in XXL

Auch ist es bei einem solchen Riesen nicht mit einem handelsüblichen Käfig getan. So schlägt der ZDRK eine Mindestkäfiggröße von 120 x 80 x 60 für diese Tiere vor. Tierschützer fordern jedoch, dass ein Kaninchen mindestens einen Hoppelsprung in seinem Käfig machen kann. Beim Deutschen Riesen würde das bedeuten, dass der Käfig eigentlich doppelt so lang sein müsste. Mit dem Käfig ist es nicht getan, die Tiere brauchen natürlich viel Auslauf und beim Wohnungsfreilauf muss man bedenken, dass große Tiere auch große Hinterlassenschaften auf dem Teppich fabrizieren. Es fällt alles etwas größer aus als beim Zwergkaninchen. Die Riesen haben auch einen ausgesprochen eigenwilligen Charakter und sind pfiffiger, als wir ihnen zutrauen.

Deutscher Riese

Herkunft: Ursprünglich Belgien. Ab 1937 ins Deutsche Zuchtbuch aufgenommen. Rassemerkmale: Körperlänge bis 73 cm, starker Knochenbau, gestreckter Körper, große feste Ohren, Mindestlänge 15 cm, Mindestgewicht 5,5 kg, nach oben keine Grenzen. Farben: Viele Grauschattierungen wie wildgrau, eisgrau, hasengrau, als weiße (albino) Tiere: Deutscher Riese weiß und als Schecke (siehe unten). Haltung: Sie brauchen viel Platz und große Käfige. Zudem benötigen sie ebenso viel Auslauf.

Deutscher Riesenschecke

Ursprungsland: Frankreich, dort Papillons genannt. Seit 1908 in Deutschland anerkannt. Idealgewicht 6 kg, keine Höchstgrenze. Wie alle mehrfarbigen Kaninchen spalterbig, d.h. es ist ein langer Atem bei der Zucht nötig, denn aus ideal gezeichneten Tieren fallen einfarbige und ungescheckte Tiere. Farben: schwarz-weiß, blau-weiß, havanna-weiß.

Deutscher Widder

Herkunft: England und Frankreich, seit 1880 in Deutschland anerkannt. War ursprünglich Fleischlieferant. Robustes, kräftiges Kaninchen mit wulstiger Krone (Ohrenansatz). Farben: Grau, weiß, gescheckt, gelb u.a. Sie brauchen viel Auslauf und Bewegung sowie große Ställe. Ruhige, umgängliche Rasse, Mindestgewicht 5,5 kg, keine Höchstgrenzen.

Abteilung II – Mittelgroße Rassen

Die mittelgroßen Kaninchenrassen sind beliebter als die großen Rassen, da ihr Höchstgewicht, bis auf den englischen Widder, in der Regel um die fünf Kilogramm liegt. Da die Rassekaninchenzucht im 21. Jahrhundert nicht mehr hauptsächlich auf Fleischmenge ausgerichtet ist, sondern als Liebhaberei und Hobby betrieben wird, stellt sich die Frage der Wirtschaftlichkeit in der Kaninchenzucht viel weniger als noch im 19. und 20. Jahrhundert. Dass mittelgroße Rassen als Hauskaninchen eher geeignet sind als die großen Rassen, zeigt sich schon allein an der Menge der zugelassenen Rassen. Die Abteilung der mittelgroßen Rassen ist die größte und variantenreichste.

Auch die mittelgroßen Rassen brauchen zwar größere Käfige und mehr Auslauf als die kleinen und Zwergrassen, sind dafür jedoch weniger anfällig für Zahnprobleme, weil die meisten einen länger gestreckten Schädel haben. Neben dem Ziel, den Speiseplan aufzubessern, wurden viele Rassen gezüchtet, um teure Pelze durch billigeres Kaninchenfell zu imitieren. So ersetzte beispielsweise das Weißgrannen-Kaninchen zu Beginn des 20. Jahrhunderts den Silberfuchspelz und zeichnet sich noch heute durch sein ausgesprochen schönes Fell aus. Auch heute kommen wieder Jacken, Westen und Mützen aus Kaninchenfell in Mode. Wenn man bedenkt, wie unschön die Haltungsbedingungen für diese Tiere in Zuchtbetrieben sind, sollte man auf ein Kunstfellimitat zurückgreifen, das genauso schön wärmt.

Beim Weißgrannen-Kaninchen versuchte man, das Fell des Silberfuchses zu imitieren.

Meißner Widder

Herkunft: Meißen, seit 1906 anerkannt. Wird selten gezeigt, da schwierig zu züchten. Die Körperform soll der eines Deutschen Widders entsprechen. Das Haar bleicht bei Sonneneinstrahlung aus. Wird in den Farben Schwarz, Blau, Braun, Gelb und Havanna gezüchtet. Gewicht zwischen 3,5 und 5,5 kg.

Englischer Widder

Herkunft: England, in Deutschland nur noch selten gezüchtet. Wegen der sehr langen und breiten Ohren (Behang) umstritten. Ohrlänge und -breite wurde 2000 begrenzt. Je wärmer die Ställe sind, umso größer werden die Ohren. Alle Farben sind zugelassen, meist werden jedoch sogenannte Mantelschecken gezüchtet. Gewicht: 3,2–5,2 kg. Obwohl man es ihnen auf den ersten Blick nicht zutraut, sind es lebhafte, lustige Kaninchen.

Deutscher Großsilber

Seit 1994 in Deutschland anerkannt, wurden Deutsche Großsilber durch Verpaarung von blauen Wienern und Blausilbern gezüchtet. Es gibt sie in verschiedenen Farben, anerkannt sind: Schwarz, Blau, Gelb, Graubraun und Havanna. Rassemerkmal sind die weißen Haarspitzen, die den Silbereffekt hervorrufen. Schwierig zu züchten, da die Silberung am ganzen Körper gleichmäßig verteilt sein soll. Fellfarbe bleicht unter Sonneneinstrahlung aus. Gewicht: Zwischen 4 und 5 kg. Die Silberung ist beim Jungtier noch nicht zu sehen und entwickelt sich erst mit zunehmendem Alter, daher sind Großsilber bei der Geburt schwarz.

Blauer Wiener

Seit 1903 in Deutschland. Weit verbreitete Rasse, war ursprünglich bis zu 7 kg schwer und gehörte der Abteilung I an. Die Rasse ist auf Ausstellungen in Deutschland zahlenmäßig am häufigsten vertreten. Sie wurde erstmals auf einer Ausstellung im Wiener Prater 1895 gezeigt, daher der Name. Blaue Kaninchen wurden bereits um 1700 beschrieben. Jede zugelassene Farbe gilt als eigene Rasse, daher gibt es auch blaugraue, schwarze und weiße Wiener. Wie bei allen dunklen Kaninchen kann das Fell durch Sonneneinstrahlung ausbleichen. Gewicht: 4,2–5,2 kg. Vereinzelt treten Zahnmissbildungen auf.

Weißer Hotot

Ursprünglich aus Frankreich, seit 1960 in Deutschland anerkannt. Sehr apartes weißes Kaninchen mit dunklem Augenring, der wie ein Lidstrich aussieht. Gewinnt an Beliebtheit und ist züchterisch sehr interessant, weil die Rasse spalterbig ist und gleichzeitig zwei Scheckungsvarianten vorkommen können, die Holländer und englische Scheckung. Spalterbigkeit bedeutet, dass bei der Verpaarung unterschiedlich gezeichnete Tiere in der ersten Generation auftreten können. Gewicht zwischen 4 und 5 kg. In Frankreich sehr beliebt und viel gezeigt, in Deutschland bislang eher selten.

Roter Neuseeländer

Ursprungsland Kalifornien, seit 1936 in Deutschland anerkannt. Intensiv rotes, hübsches Kaninchen, in Deutschland weit verbreitet, aber züchterisch schwierig, da die satt rote Farbe genetisch gesehen nicht einfarbig ist, sondern rot-wildfarbig, d.h. es kommen häufig Farbabweichungen vor. Gewicht: 4–5 kg. Ruhiges, robustes Kaninchen, dessen Haarfarbe sich aber durch UV Strahlung aufhellen kann. Der weiße Neuseeländer hat trotz des Namens nichts mit dem roten zu tun und ist ein Albino, also ein weißes Tier mit roten Augen.

Japaner

Die Rasse kommt aus Frankreich, der Name sollte dem Kaninchen lediglich eine gewisse Exotik verleihen. Seit dem 19. Jahrhundert in Deutschland zugelassen. Gewicht: 3,7–4,5 kg. Züchterisch extrem anspruchsvoll, denn das Zuchtziel ist quasi ein kariertes Kaninchen, bei dem sich schwarze, gelbe und schwarz-gelbe Farbfelder versetzt abwechseln. Gleichzeitig wird ein Spaltkopf angestrebt, d.h. eine Kopfhälfte schwarz, die andere gelb und dabei soll die Ohrfärbung versetzt sein. Das ist schwierig zu züchten, da über die Farbvererbung der Japaner noch nicht viel bekannt ist. Daher sehen die einzelnen Tiere dieser Rasse auch sehr unterschiedlich aus. Farbschläge: Schwarz-gelb, blau-gelb, braun-gelb.

Rheinischer Schecke

Die Rasse stammt aus dem Rheinland und ist seit 1905 anerkannt. Wie alle „gemusterten" Kaninchen schwierig zu züchten, da auch die Schecken spalterbig sind, d.h. die endgültigen Zuchtresultate kann man erst 3 Generationen später bewundern. In der Nachzucht tauchen japanerfarbige, weiße und eben auch typisch gezeichnete Jungtiere auf. Die Tiere haben eine weiße Grundfarbe und ein dreifarbiges Zeichnungsmuster, das streng festgelegt ist. Und das ist sehr schwer zu züchten. Gewicht zwischen 3,7 und 4,5 kg.

Weißgrannen

Zuchtziel war zu Beginn des 20. Jahrhunderts, den Silberfuchspelz durch das günstigere Kaninchenfell zu ersetzen. Aus diesen Bemühungen resultierte die Zucht der Weißgrannen-Kaninchen. 1962 wurde die Rasse in Deutschland anerkannt. Zugelassen sind die Farben Schwarz, Blau und Braun (havannafarbig). Weißgrannen sind lebhafte, fröhliche Tiere, die sich vor allem in der Jugend durch ein sehr schönes Fell auszeichnen. Durch die Sonneneinstrahlung leidet die Fellfarbe bei älteren Tieren. Gewicht: 3,5–4,2 kg.

Hasenkaninchen

Nicht etwa eine Kreuzung aus Hase und Kaninchen, sondern ein Kaninchen im Hasenkostüm. Sehr schlanke, unruhige und lebhafte Tiere mit enormem Bewegungsdrang und Sprungvermögen. Keine Streicheltiere, jedoch schön im Freigehege zu beobachten. Brauchen viel Auslauf und Bewegung und vor allem ein ausbruchsicheres Gehege. Sie können im Stand locker 1,50 m springen. Ursprung: Belgien, seit ca. 1900 anerkannt. Farben: Wildfarben, Weiß. Gewicht 3,5–4,2 kg.

Alaska

Wie bei vielen anderen Kaninchenrassen auch, war die Züchtermotivation, ein Kaninchen zu züchten, das einem anderen Tier ähnlich ist. Hier war der Alaskafuchs das Vorbild, daher der Name. Seit 1907 anerkannt. Kompaktes Kaninchen, Gewicht: 3,2–4 kg, neigt manchmal zu Zahnproblemen. Das Fell ist empfindlich, die Farbe leidet unter Sonneneinstrahlung und verfärbt sich durch den Urin. Daher müssen die Tiere penibel sauber gehalten werden.

Havanna

Sie kommen ursprünglich aus Holland und sind seit Beginn des 20. Jahrhunderts in Deutschland anerkannt. Gedrungenes, sattbraunes Kaninchen mit glänzendem Fell. Je intensiver braun die Deckhaare sind, desto schöner sind die Tiere. Die Unterfarbe ist blau und je älter die Tiere werden, desto mehr leidet die Farbe des Deckhaares. Gewicht: 3,2–4 kg. Wie bei allen dunklen Kaninchen kann das Sonnenlicht das Fell ausbleichen. In Deutschland ist die Rasse relativ weit verbreitet.

Abteilung III – Kleine Rassen

Unter den einzelnen Kleinrassen finden sich viele der großen Verwandten nur in kleinerem, handlicherem Format wieder: Z.B. das Kleinchinchilla, der Kleinwidder oder das Kleinsilber. Im Schnitt sind die kleinen Rassen mit maximal ca. 4 kg um ein bis zwei Kilo leichter als ihre großen Verwandten. Ursprünglich wurden auch die kleineren Rassen eher wegen ihrer Qualitäten als Fell- und Fleischlieferant gezüchtet und erst im Laufe des 20. Jahrhunderts entstand die Hobby-Kaninchenzucht. Die kleinen Rassen benötigen natürlich weniger Platz, sind handlicher und dadurch auch eher für Kinder geeignet. Prinzipiell haben sie jedoch die gleichen Charakterzüge wie die großen Rassen. Es gibt jedoch auch nicht alle großen Rassen im „Kleinformat".

Die meisten, als Zwergkaninchen angepriesenen Kaninchen sind Vertreter der Abteilung III. Sie sind robuster als die echten Zwerge. Oft findet man in den Zoogeschäften reinrassige Tiere, die als Zwergkaninchen verkauft wurden.

Den meisten Kaninchenbesitzern ist es egal, ob sie mit einem Rassekaninchen oder einem Mischling ihre Wohnung teilen.

Mit der Verbreitung der Kaninchen als Heimtier wächst jedoch auch der Wunsch, ein reinrassiges Tier zu besitzen und gerade aus der Abteilung III werden wir in den nächsten Jahren immer mehr Rassekaninchen in Privathaushalten finden.

Rassekaninchen oder Liebhabertier? Den meisten Haltern ist es egal, Hauptsache es ist zahm.

Kastanienbrauner Lothringer

Hasenkaninchen in klein. Eine relativ junge Rasse, seit 2001 in Deutschland anerkannt. Ursprungsland ist, wie der Name schon sagt, Frankreich. Wird auch als Brun Marron de Lorraine bezeichnet. Ideales Kaninchen für Fans von ursprünglichen Tieren, da sowohl die Form wie auch das Fell an ein wildes Kaninchen erinnert.

Marburger Feh

Diese Rasse wurde zufällig von einem Schüler entdeckt. Sie ist eine Kombination aus Blau und Havanna und stammt aus Marburg. Seit ca. 1920 zugelassen. Erfreut sich großer Beliebtheit, vor allem, weil die Züchter hofften, das Fell des sibirischen Eichhörnchens, das im Pelzhandel als Feh bezeichnet wird, imitieren zu können. Das Kaninchen ist lichtblau, nur am Bauch etwas blasser gefärbt, wird bis zu 3,2 kg schwer und ist auf Ausstellungen häufig anzutreffen.

Sachsengold

1925 beschloss ein Züchter aus Sachsen einen „Goldhasen" zu züchten. Den gibt es zwar als Schokohasen, aber als lebendiges Exemplar ist ein satt orangerotes Kaninchen herausgekommen. Seit 1961 zugelassen. Sehr beliebtes Kaninchen schon allein wegen seiner schönen Haarfarbe, die genetisch ihre Tücken hat. Die Tiere sind unkompliziert, anspruchslos, verfetten jedoch leicht. Im Idealfall nicht schwerer als 3,2 kg.

Rhönkaninchen

Kaninchenzüchter sind sehr einfallsreich bei der Wahl ihrer Vorbilder aus der Natur. So versuchen sie nicht nur, das Fell anderer Tiere nachzuzüchten, sondern bedienen sich auch in der Botanik. Zuchtziel des Rhönkaninchens ist ein kleines Kaninchen, dessen Fell an einen Birkenstamm erinnern soll. Das Fell erinnert an ein schwarzweißes Japaner-Kaninchen und diese wurden auch tatsächlich bei der Entstehung der Rasse eingekreuzt. Gewicht: bis 3,2 kg. Bevorzugt werden Tiere mit hellem Fell.

Luxkaninchen

Hier handelt es sich nicht um das Imitat eines Luchses, dessen Name nur falsch geschrieben wurde. Vielmehr kommt der Name vom lateinischen Lux = Licht. Luxkaninchen werden auch in anderen Haararten gezüchtet, doch nicht alle sind vom ZDRK anerkannt. Die Rasse ist schon relativ alt, sie ist seit 1920 anerkannt, allerdings nicht weit verbreitet. Gewicht: bis 3,2 kg.

Kleinsilber

Kleinsilber gibt es in verschiedenen Farben, wobei jede Farbe eine eigene Rasse ist: Schwarz, Blau, Havanna, Gelb, Graubraun und hell. Kaninchen mit einer silbrigen Färbung wurden schon von Charles Darwin erwähnt, es muss sie demnach schon sehr lange geben. Die Rasse wurde um 1900 zugelassen und war Anfang der 1930er-Jahre die am meisten verbreitete Rasse. Die Jungen sind zunächst dunkel und färben sich beim ersten Haarwechsel um. Der Prozess der „Versilberung" ist mit Eintritt der Geschlechtsreife abgeschlossen – eine richtige kleine Wundertüte also. Gewicht: bis 3,2 kg.

Englischer Schecke

Nicht zu verwechseln mit anderen Schecken. Geflecktes Kaninchen mit einer seitlichen „Kettenzeichnung", die im Idealfall die Form eines Posthornes haben soll. Es ist neben dem Holländerkaninchen die älteste Scheckenrasse, seit ca. 1900 zugelassen. Gescheckte Kaninchen werden mehr oder weniger gezielt seit dem 16. Jahrhundert gezüchtet. Sportliches schlankes Kaninchen, Gewicht: Bis 3,2 kg. Verschiedene Farben auf weißer Grundfarbe: Schwarz, Blau, thüringerfarbig (braun), dreifarbig.

Holländer

Kaninchen mit Mütze. Der sogenannte Holländerfaktor ist eine häufige Mutationsform, die auch spontan bei anderen Rassen vorkommt und auf alten Gemälden oft zu sehen ist. Hierbei haben die Tiere ein weißes „Hemd", eine farbige Hose und eine Mütze. Zwölf Farbschläge sind zugelassen. Wert wird auf schöne, reine Farbgebung und klare Abgrenzung der Farben gelegt. Ein eher sportliches Kaninchen, Gewicht: bis 3,2 kg.

Lohkaninchen

Bis ca. 1920 hießen diese Tiere in Deutschland noch black and tan, eine Farbbezeichnung, die auch in der Hundezucht gebräuchlich ist. Die Farbe wird durch den sogenannten Lohfaktor bedingt. Dieser bewirkt die typische Wildzeichnung, also dunkle Decke und helle Unterseite. Im Gegensatz zu wildfarbenen Tieren sind die einzelnen Haare gleichmäßig pigmentiert. Farben: Schwarz, Blau, Braun und Feh, wobei Schwarzloh am häufigsten zu sehen ist. Gewicht: bis 3,2 kg.

Marderkaninchen

Auch bei dieser Rasse war eine andere Tierart Vorbild. Zuchtziel war, das Fell des Steinmarders zu imitieren. Das Marderkaninchen gibt es auch in der XL-Version, als großes Marderkaninchen. Zugelassene Farben sind Braun und Blau. Eine Variante des Marderkaninchens ist das Siamesenkaninchen, bei dem es sich streng genommen um eine Farbvariante des Marderkaninchens handelt, es wurde nach dem Mauerfall in Deutschland zugelassen und stammt ursprünglich aus Ostdeutschland. Gewicht: bis 3,2 kg.

Schwarzgrannen

Es ist wie beim Kleinsilber, nur umgedreht. Hier ist die Grundfarbe ein abgetöntes Fell mit gefärbten Haarspitzen der Grannenhaare, die dem Tier einen rußartigen Schatten auf dem Fell verleihen. Nur die Unterfarbe der Decke sowie der Bauch sind rein weiß. Es stammt aus Ostdeutschland, nach der Wende wurde die Rasse in ganz Deutschland anerkannt. Es ist nur ein Farbschlag zugelassen. Gewicht: bis 3,2 kg. Bisher noch nicht sehr weit verbreitet.

Russe

Existiert in Frankreich seit dem 17. Jahrhundert und stammt auch von dort. War vor dem Nazi-Regime in Deutschland weit verbreitet und war unter Hitler nicht gern gesehen. Züchterisch schwierig, da es sich um einen Teilalbino handelt. Die Tiere haben rote Augen und die dunkle Färbung an den Extremitäten kann nur durch kühlere Temperaturen entstehen. Ein Witterungsumschwung kann selbst bei Außenhaltung die Hoffnung auf ein gutes Abschneiden bei einem Wettbewerb zunichtemachen und das kann für einen Züchter ganz schön frustrierend sein. Gewicht: bis 3 kg.

Abteilung IV – Zwergrassen

Kleine Kaninchen mit einem runden Kopf und großen Augen sind nicht nur wegen ihres kindlichen Aussehens sehr beliebt. Sie sind leicht, bis maximal 2 kg, und auch ihre Haltung gestaltet sich leichter, da sie zwar wie alle anderen Kaninchen Auslauf brauchen, aber der Käfig aufgrund ihrer Größe kleiner ausfallen kann als der eines deutschen Riesen. Außerdem sind ihre Hinterlassenschaften in der Wohnung weniger umfangreich. Aber nicht alles, was niedlich ist, ist auch gesund. Je kleiner die Tiere werden, desto stärker setzt sich der Zwergfaktor durch, eine Mutation, die besonders kleine Tiere hervorbringt und zu einem besonders kleinen Wuchs führt. Gleichzeitig ist der Zwergfaktor jedoch auch ein sogenannter Letalfaktor, d.h. wenn reinerbige Tiere miteinander verpaart werden, kommen immer Jungtiere zur Welt, die nicht lebensfähig sind. Gleichzeitig kommt es vermehrt zu Totgeburten und Spätaborten und die Fruchtbarkeit nimmt ab. Deshalb wurden dem Verzwergungstrend Grenzen gesetzt und es werden nur Tiere mit einer Ohrlänge von mindestens 4,5 cm und einem Kilogramm Gewicht zugelassen.

Zu groß für einen Zwerg

Bei der Verpaarung der Zwerge gibt es auch größere Tiere, die nicht dem Standard entsprechen, aber so aussehen wie ihre kleinen Verwandten. Das sind meistens die Tiere, die im Zoofachhandel angeboten werden. Auch wenn die ganz kleinen Zwerge sehr niedlich sind, sie sind ausgesprochen anfällig.

Am kleinsten sind die Hermelinkaninchen und die Farbenzwerge, die sich in der Körper-, Ohren- und Kopfform sehr ähneln. Allerdings unterscheiden sie sich hinsichtlich der Fellfarbe und gehören auch unterschiedlichen Rassen an.

Das nicht alle Zwergkaninchen auch wirklich kleine Zwerge bleiben, liegt auch daran, dass sie die Gene der Wildkaninchen durchaus noch in sich tragen. Bei den Hermelinkaninchen wurden vor allem in Holland immer wieder Wildkaninchen und andere Farbschläge eingekreuzt um farbige Tiere zu züchten. Diese Maßnahme bringt zwar immer wieder Tiere hervor, die aus dem Rahmen fallen, ist aber züchterisch sinnvoll, um für eine sogenannte Blutauffrischung zu sorgen.

Zwergwidder

Kommt ursprünglich aus den Niederlanden, wurde
1973 anerkannt. Sehr beliebte, robuste Kaninchenrasse, bei der es nicht nur um Zwergenwuchs geht.
Sehr variantenreich, da wie bei den großen Brüdern
alle einfarbigen und auch viele mehrfarbige Tiere –
auch mit Scheckungen – zugelassen sind. Es sind ruhige, gutmütige Kaninchen, die sich ausgesprochen
gut als Heimtiere eignen. Außerdem sind sie nicht so
krankheitsanfällig wie Hermeline oder Farbenzwerge. Gewicht: Maximal 2 kg. Bei Beurteilung gewinnt
nicht das kleinste, sondern das schönste Tier.

Hermelin

Älteste Zwergkaninchenrasse, wird in Deutschland
seit 1918 gezüchtet. Eine der ältesten Kaninchenrassen überhaupt. Es gibt bereits sehr alte Abbildungen
von weißen Kaninchen, z.B. Tizians Madonna mit Kaninchen – fraglich ist jedoch, ob es sich hier schon
um ein Hermelinkaninchen handelte. Werden seit
1918 in Deutschland gezüchtet. Kleinste Kaninchenrasse mit roten oder blauen Augen, maximal 1,5 kg
schwer. Um Gesundheitsprobleme durch den Letalfaktor zu minimieren, wurde das Mindestgewicht auf
1 kg festgelegt.

Farbenzwerge

Zuchtziel waren farbige Hermelinkaninchen, d.h. die
Körperform ist die gleiche, nur die Farbe ist anders.
Viele verschiedene Farben, seit 1956 zugelassen, werden schon seit 1939 in Deutschland gezüchtet. Sehr
variantenreiche Rasse, die leider auch mit dem Letalfaktor zu kämpfen hat. Deshalb werden langohrige
Tiere, die in den Würfen auch fallen können, mit kurz-
ohrigen „Typzwergen" verpaart, um die Fruchtbarkeit
und die Wurfstärke zu erhöhen. Nicht dem Typ entsprechende Farbenzwerge machen sicher den Großteil der Kaninchen aus, die in den Zoogeschäften angeboten werden.

Abteilung V – Haarstrukturrassen

Das Hauptmerkmal dieser Gruppe ist das seidige, weiche, glänzende Haar. Auch diese Kaninchen haben ihre Entstehung einer Mutation zu verdanken: Ein rezessiver Erbfaktor bewirkt bei diesen Tieren eine besondere Haarstruktur. Das Haar der Satinkaninchen ist nur 3,5 cm lang, die Grannen sind sehr fein und überragen das Haar kaum. Außerdem haben die Tiere nur wenig Unterwolle, zudem sind die Haare mit einem besonderen Film überzogen. Das bewirkt den seidenartigen Glanz des Fells und die Klarheit der Farben, denn nur Grannenspitzen glänzen, die Haare der Unterwolle sind immer matt. Die Körperform des Satinkaninchens ist an die des Havanna angelehnt. Das Höchstgewicht der Tiere beträgt 4 kg, normalerweise wiegen sie zwischen 2,5 und 3,2 kg. Von der Größe her gehören sie eigentlich zu den mittelgroßen Rassen, aufgrund ihrer Haarstruktur bilden sie jedoch eine eigene Abteilung. Satinkaninchen gibt es in vielen Farbschlägen und Färbungen, z.B. als Satin-Schwarz, Satin-Elfenbein, Satin-Feh, Satin-Thüringer, Satin-Japaner, Satin-Castor oder Satin-Lux, um nur einige zu nennen. Die pigmentierten Satinrassen sind am schwierigsten zu züchten. Bei ihnen entfaltet sich der Fellglanz jedoch besonders und die Tiere glänzen im Sonnenlicht unbeschreiblich schön. Eine neue, bisher nicht zugelassene Rasse sind Satinangorakaninchen, die bisher nur sehr selten gezüchtet werden.

Die Wolle dieser Kaninchen lässt sich durchaus mit der Kaschmirwolle vergleichen. Diese leichte, glänzende Wolle kann man auch mit anderen Naturfasern mischen. Die gezupfte Wolle muss nicht besonders vorbereitet werden, sondern lässt sich quasi direkt vom Kaninchen verspinnen.

Satinzwerge

Vermutlich kommt diese Rasse aus den USA. Ein Havannakaninchen mit besonders seidigem Fell – eine Mutation – wurde von einem amerikanischen Züchter ausgestellt und weiter verpaart. Anders als in den USA, wo Satinkaninchen mit bis zu 5 kg Körpergewicht zu den größeren Kaninchen zählen, sind sie in Deutschland eine eher kleine Rasse.
Sehr viele Farben, sowohl einfarbig als mehrfarbig, sind zugelassen, es kommen ständig neue hinzu. Seit 1971 in Deutschland anerkannt, Höchstgewicht: 4 kg.

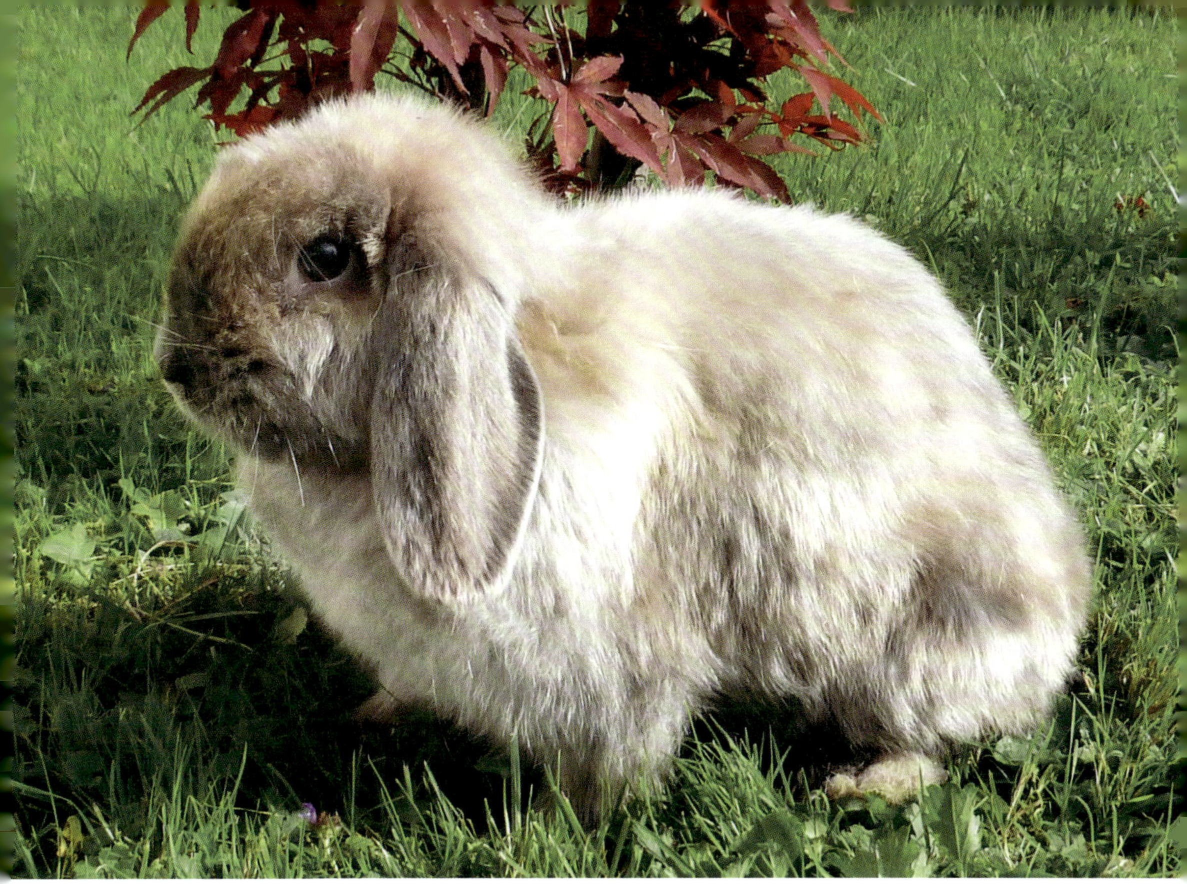

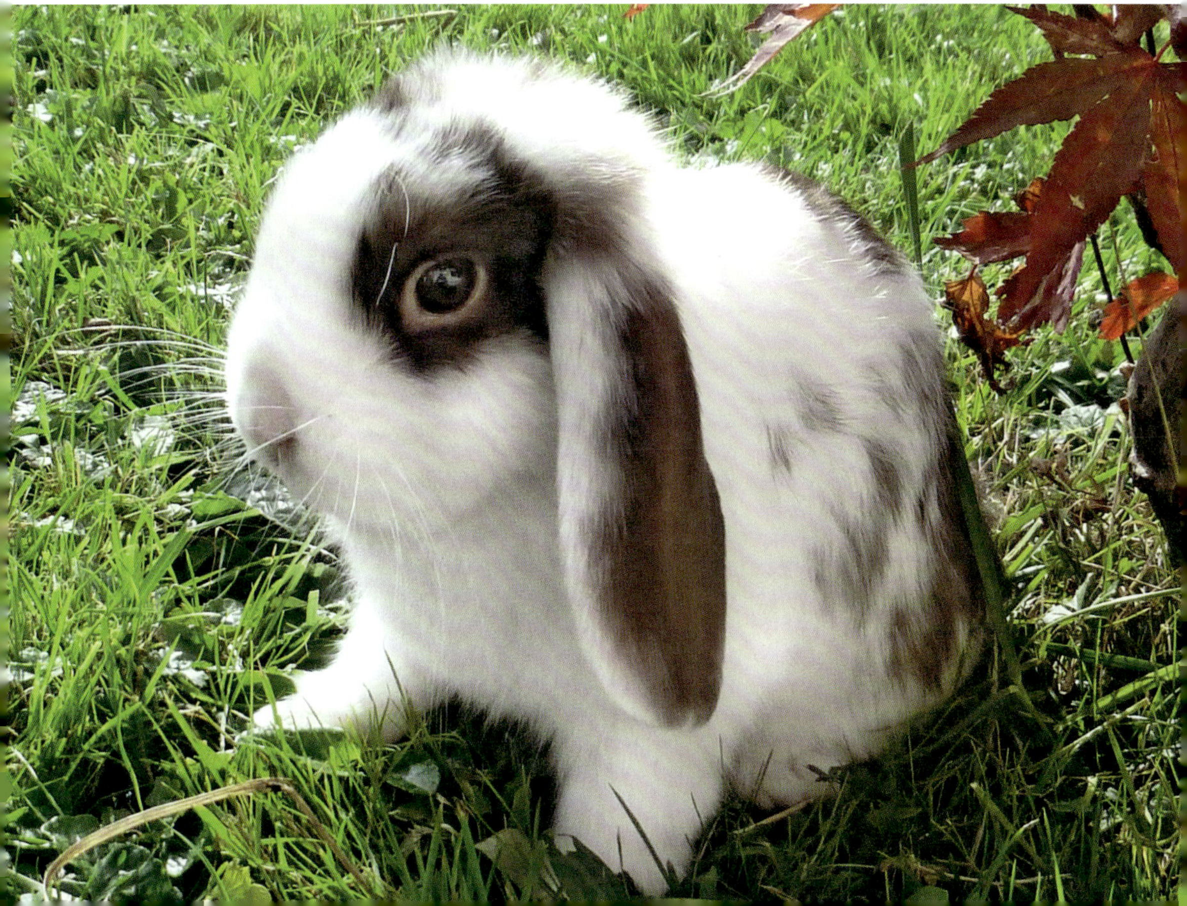

Abteilung VI – Kurzhaarrassen

Die allesamt als Rex-Kaninchen bezeichneten Kurzhaarrassen zeichnen sich genau wie die Satinkaninchen durch eine besondere Haarstruktur aus.

Auch Rex-Kaninchen war ursprünglich ein Zufallsprodukt und ist dann gezielt weitergezüchtet worden. Rexkaninchen haben ein sehr kurzes Fell, die Haare sind mit maximal 20 mm wesentlich kürzer als die Haare der anderen Kaninchenrassen. Die Grannenhaare weisen Besonderheiten hinsichtlich ihrer Länge und ihrer Form auf. Sie sind unregelmäßig gekräuselt und gelockt und nicht länger als die restlichen Haare. Schnurrhaare und Wimpern sind ebenfalls kürzer als bei anderen Kaninchen, meistens sind sie gekräuselt und gebogen. Das Fehlen der Tasthaare ist bei Kaninchenschauen ein schwerer Fehler und führt zur Disqualifikation der Kaninchen. Abgesehen davon beeinträchtigt es die Tiere auch deutlich, da sie diese quasi als „Sehhilfe" benötigen. Das Rexfell erinnert an das eines Maulwurfs. Durch die kurzen Haare sehen die Farben bei Rexkaninchen oft etwas anders aus als bei Rassen mit „normalem" Fell. Eigentlich gehören die Rexe zu den mittelgroßen

Rassen, bei den einzelnen Farbschlägen sind jedoch auch Rexzwerge mit einem Gewicht von ca. 1,5 kg zugelassen. Die Körperform dieser Rexzwerge ist an das Hermelin oder die Farbzwerge angelehnt. Prinzipiell kann man alle Rexe in allen Farbschlägen und Scheckungen züchten, es wird sogar der Satinfaktor eingekreuzt, Satin-Rexe sind jedoch in Deutschland nicht zugelassen und extrem selten.

Castor Rex

Der Biberkönig, das Ur-Rex-Kaninchen, das bekannteste Rex-Kaninchen und wohl auch das häufigste. Der Name stammt aus dem Ursprungsland Frankreich und wurde gewählt, weil das Fell einem Biber (=Castor) ähnelt und weil die neue Rasse der König (=Rex) der Kaninchen werden sollte. Seit 1980 in Deutschland zugelassen. Der erste Castor Rex wurde bereits 1919 in Frankreich ausgestellt und verbreitete sich dann schnell in Europa. Gewicht: 3,5–4,5 kg. Wildfarben, d.h. kastanienbraun mit heller Unterseite.

Dalmatiner Rex

Dieses Kaninchen wurde nach dem Vorbild des Dalmatiners, einer Hunderasse, gezüchtet. Dalmatiner Rexe haben eine andere Fleckung als Schecken-Kaninchen. Im Gegensatz zu anderen Farben gibt es für den Dalmatiner Rex kein normalhaariges Ebenbild. Zugelassene Scheckfarben: Schwarz, Blau, Havanna, Sepiabraun, sowie dreifarbig. Die Flecken sollen klar vom weißen Fell abgesetzt sein und nicht verwaschen aussehen.

Japaner Rex

Eine noch sehr jungfräuliche Rasse, erst seit 2007 in Deutschland zugelassen und noch nicht sehr verbreitet. Es gelten die gleichen Anforderungen wie bei Japanerkaninchen, also ein möglichst kariertes Kaninchen, aber die Farben sehen durch das Rexfell wesentlich intensiver und klarer aus als beim Normalhaar-Japaner. Das Fell glänzt so sehr in den Farbschattierungen, dass man fast meinen könnte, es handele sich um ein Kaninchen in Neonfarben.

Abteilung VII – Langhaarrassen

Langhaarkaninchen oder Halblanghaarkaninchen sind bei Hobbytierhaltern sehr beliebt. Die Tiere haben ein kuschelig pelziges Aussehen und sehen mit ihren Wuschelhaaren besonders niedlich aus.

Wolllieferant Angorakaninchen

Das Angorakaninchen bildet unter den Langhaarkaninchen eine Ausnahme, weil sein Haar stetig nachwächst und – ähnlich wie das Fell eines Pudels – keinem Fellwechsel unterworfen ist. Deshalb müssen die Tiere regelmäßig geschoren werden, damit die Wolle nicht verfilzt und die Kaninchen gesund bleiben. Die Schur ist aufwendig und schwierig. Im 19. Jahrhundert gab es in Deutschland eine größere Anzahl von Angorazüchtern. Aufgrund des Preisverfalls für Angorawolle lohnt sich die Zucht und Haltung der Angorakaninchen aus wirtschaftlichen Gründen jedoch nicht mehr und es sind nur noch wenige Liebhaber übrig geblieben, die Angorakaninchen halten. Daher wird in Deutschland nur noch sehr wenig Angorawolle produziert. Ein Angorakaninchen liefert im Jahr ungefähr 1000 g Wolle. Angorakaninchen sind so selten geworden, dass sie 2002 auf die Liste der bedrohten Nutztierarten gesetzt wurden, um ihre Bestände zu erhalten.

Fellpflege

Alle anderen Langhaarkaninchen brauchen nicht geschoren zu werden, dennoch muss man ihr Fell pflegen. Vor allem der After und die Bauchseite müssen regelmäßig kontrolliert werden, damit es nicht zu Verklebungen oder Verschmutzungen kommt. Langhaarkaninchen sind bei Heimtierhaltern sehr beliebt und es werden von Hobbyzüchtern eine Vielzahl von Langhaarrassen gezüchtet, die jedoch zum großen Teil nicht vom ZDRK anerkannt sind. Dazu gehören z.B. die Teddykaninchen oder die Löwenkopfkaninchen. Bei aller Liebe vergessen viele Tierhalter, dass die Pflege des langhaarigen seidigen Fells aufwendig ist und die Tiere besondere Haltungsansprüche haben. Als Einstreu eignet sich die übliche Kaninchenstreu nicht, weil die Späne im Fell hängen bleiben und schnell verfilzen.

Angora

Am bekanntesten sind die weißen Albinos, verschiedene Farbschläge sind zugelassen. Eine erfolgreiche
Neuzüchtung ist das russenfarbene Angorakaninchen, da es weiße Wolle liefert. Angora sind seit etwa
300 Jahren bekannt und kamen über England, ursprünglich vermutlich aus der Türkei. Die genaue
Herkunft ist jedoch ungeklärt, der Name könnte auch
von der Angoraziege abgeleitet sein. Gewicht: Bis
5 kg. Charakteristisch sind die Fellpuschel an den
Ohren. Als Heimtier wegen der regelmäßig notweni-
gen Schur nicht geeignet.

Fuchskaninchen

Man hoffte, das besonders wertvolle Fuchsfell nach-
züchten zu können, was jedoch nicht gelang, da die
Haarstruktur eine andere ist. Relativ alte Rasse, An-
erkennung 1930, hat ihren Ursprung in Deutschland
und der Schweiz. Viele Farben zugelassen, auch
Zwergfuchskaninchen. Gewicht: Bis 4 kg bei den großen, bis 1,5 kg bei den Zwergfüchsen. Gedrungenes
kompaktes Kaninchen, Körperform der Zwerge an
Hermeline angelehnt.

Jamora

Wie der Name schon erahnen lässt, verbirgt sich ein
japanerfarbenes Angorakaninchen dahinter, und dazu
noch im Miniaturformat. Gewicht: Bis 2,4 kg. Seit 1994
zugelassen. Die Rasse entstand aus Japanern, Hermelin und Angorakaninchen. Leider gibt es immer
wieder Tiere, die stetig wachsendes Haar haben und
geschoren werden müssen, diese sind besonders als
Heimtiere problematisch, weil sie sehr unter Fellver-
filzungen leiden – ein generelles Problem bei Ja-
mora-Kaninchen.

Nicht zugelassene Rassen

Nicht zugelassene Rassen sind nach wie vor die beliebtesten Heimtiere neben den Mischlingen. In den Zoogeschäften und von Privatleuten oder „Vermehrern" werden diese Tiere oder deren Mischlinge häufig angeboten. Den meisten Kaninchenkäufern gefällt das kuschelige Fell besonders gut, denn die Teddys und all die anderen sehen wie kleine kuschelige Wattebällchen aus. Was leider sehr häufig vergessen wird, ist, dass diese Tiere genau wie die Langhaarkaninchen einen immensen Pflegeaufwand benötigen. Vor allem verfilzen sie sehr oft am After: Der Kot klebt dort teilweise zentimeterdick, weil die Tiere den Putzaufwand nicht allein bewältigen können. Bei der Anschaffung von flauschigen Kaninchen sollte man auch an die tägliche Arbeit denken, die ein solches Tier macht.

Die nicht zugelassenen Rassen sind jedoch nicht grundsätzlich schlechte Kaninchen. Vielfach werden sie von sehr engagierten Hobbyzüchtern gezüchtet und gepflegt. Es gilt wie bei jedem Kauf eines Lebewesens: Schauen Sie sich den heimischen Stall genau an und entscheiden Sie dann, ob Sie ein Tier erwerben möchten.

Teddykaninchen

Nicht zugelassen im ZDRK. Der Ursprung der Teddys ist nicht genau nachzuvollziehen, ist aber vermutlich durch die Verpaarung belgischer Bartkaninchen, Angorakaninchen und Farbenzwerge entstanden. Die Tiere haben einen langhaarigen Fellkeil im Nacken und zeichnen sich durch besonders weiches langhaariges Fell aus, das allerdings nicht geschoren werden braucht. Gewicht um 1,5 kg, auch als Widder, dann etwas schwerer. Alle Farben und Scheckungen erlaubt, bisher nur Liebhaberzucht. Leider kein anerkannter Rassestandard vorhanden. Als Heimtier sehr beliebt, aber wegen der drohenden Verfilzungsgefahr nicht ganz unproblematisch.

Löwenkopf

Beliebtes Heimtierkaninchen. Weit verbreitet. Die Rasse wurde kürzlich im ZDRK zugelassen. Die Tiere wiegen ca. 2 kg, ähnlich wie die Zwergwidder. Sie haben längere Ohren als die Zwergkaninchen, weil man das Verzwergungs-Gen aus der Rasse heraushalten wollte. Gemeinsam ist allen Tieren, dass sie vor allem am Kopf lange seidige Haare haben, die wie eine Löwenmähne aussehen sollen. Die Körperform ist an den Farbenzwerg angelehnt. Es gibt unterschiedliche Farben. Insgesamt ein eher kleines Kaninchen, das aber einen Siegeszug in viele Kinderzimmer und -herzen angetreten hat. Durch den kurzen Zwergenkopf ist es leider auch für Zahnprobleme prädestiniert.

Das ideale Kaninchenleben findet im Rudel statt und ist in freier Natur mit vielen Gefahren verbunden. Da wir unsere Kaninchen als Haustiere halten und ihnen ein möglichst artgerechtes Dasein ermöglichen wollen, werden hier verschiedene Haltungsmöglichkeiten erläutert. Es gibt sehr viel Zubehör, doch nicht alles ist sinnvoll oder notwendig. Hier wird eine kleine Entscheidungshilfe für die Kaninchenwohnung gegeben.

Hoppelsprung darin machen können. Generell gilt: Je größer der Käfig ist, desto besser, denn man sollte bedenken, dass ein Wohnungskaninchen die längste Zeit seines Lebens im Käfig lebt und sich auch innerhalb seines Zuhauses bewegen sollte. Eine reine Käfighaltung ist auf jeden Fall ungeeignet. Auch wenn die Tiere beim Züchter ihre Käfige meistens nur für die Ausstellungen verlassen, so ist dies dennoch kein artgerechtes Kaninchenleben.

Kingsize-Heime für Kaninchen

Die Lebensweise unserer Hauskaninchen unterscheidet sich zwangsläufig sehr von der ihrer in freier Natur lebenden Artgenossen. Trotzdem hat ein Kaninchen dieselben Bedürfnisse wie seine wilden Verwandten.

Die meisten Kaninchen werden in einem Käfig in der Wohnung gehalten und dürfen dann entweder ständig oder stundenweise in der Wohnung, auf dem Balkon oder im Garten hoppeln. Kaninchen brauchen Platz und Bewegung. Deshalb sollte ein Kaninchenkäfig mindestens so groß sein, dass die Tiere einen

Auslauf und Beschäftigung

Neben dem Käfig müssen die Kaninchen genug Auslauf bekommen, ihre Umgebung erkunden können und möglichst vielseitig beschäftigt werden, sonst gewöhnen sich die Tiere Unarten an, die weder gesund noch erfreulich sind. Ein Tier – egal ob Kaninchen, Hund oder Katze, das keine geistige Anregung erhält, verblödet und stumpft ab. Viele Tiere, die unterbeschäftigt sind, fressen, bis sie fast platzen, nagen Teppiche an, zerreißen die Tapete oder sitzen stupide in der Ecke und bewegen sich nicht. In freier Natur sind Kaninchen den größten Teil ihrer Zeit mit der Nahrungsaufnahme und der Fortpflanzung beschäftigt. Diese beiden Hauptbeschäftigungen nehmen wir ihnen ab: Wir wollen nicht, dass sie sich fortpflanzen und wir geben ihnen reichlich zu fressen. Damit werden sie sozusagen arbeitslos. Gerade deshalb liegt es in der Verantwortung des Halters, seine Kaninchen abwechslungsreich und artgerecht zu beschäftigen.

Dufte Hinterlassenschaften

Kaninchen sind saubere Tiere, die relativ leicht stubenrein werden. Deshalb ist die Wohnungshaltung oft recht unproblematisch. Allerdings muss man darauf gefasst sein, dass nicht alle Kaninchen die „Gebrauchsanweisung" einer Toilette kennen und auch kleinere Zwischenfälle vorkommen. Vor allem wenn neue Tiere hinzukommen, während der Paarungszeit und

Immer mindestens zu zweit

Kaninchen sollten generell mindestens zu zweit gehalten werden, damit sie einen Artgenossen haben, mit dem sie ihr kaninchentypisches Verhalten ausleben können. Das gilt für jede Haltungsform, egal, ob drinnen oder draußen. Mit wem ließe sich denn sonst so schön buddeln, Heu mümmeln und Haken schlagen, wenn nicht mit einem Gleichgesinnten?

auch wenn es Rangeleien unter mehreren Kaninchen gibt, kommt es immer wieder zu duften Hinterlassenschaften. Da Kaninchen nicht nur ihre Toilettenplätze aufsuchen, sondern auch ihr Revier mit Kot und Urin markieren, tun sie das in der Wohnung zwangsläufig auch. Sie leben lediglich ihre natürlichen Verhaltensweisen aus, wenn sie den Teppich beschmutzen.

Kaninchen sollten immer zu zweit gehalten werden, damit sie einen Kumpel haben und ihr arttypisches Kaninchenverhalten ausleben können.

Kaninchen sind saubere Tiere

Da Kaninchen auch in der Natur Toilettenplätze haben, ist es nicht besonders schwer, sie zur Stubenreinheit zu erziehen. Allerdings sollte man sich vor Augen halten, dass Kaninchen nie so stubenrein werden wie eine Katze oder ein Hund und daher von vornherein auf Hinterlassenschaften gefasst sein.

Kaninchen benutzen gern Kaninchentoiletten in Form von kleinen Kästchen oder Plastikschalen, die es in verschiedenen Größen und Ausführungen im Zoofachhandel zu kaufen gibt. Besonders platzsparend sind die kleinen Ecktoiletten, die problemlos in eine Käfigecke passen, aber nicht immer auf besonders viel Gegenliebe stoßen, weil sie für manche Kaninchen zu klein sind. Die Toilette sollte auch mit ausreichend Streu gefüllt werden, um den Urin aufsaugen zu können und üble Gerüche zu vermeiden. Da Kaninchen gern mehrere Toilettenplätze benutzen, ist es auf jeden Fall sinnvoll, den Tieren auch außerhalb des Käfigs ein oder mehrere weitere Toilettenplätze anzubieten, die sie während des Freilaufs aufsuchen können.

Der geeignete Toilettenplatz

Toilettenplätze dienen bei Wildkaninchen auch als Reviermarkierung, deshalb können die Meinungen hinsichtlich eines geeigneten Toilettenplatzes von Vier- und Zweibeinern deutlich auseinandergehen. Menschen bemühen sich, die Toilette möglichst diskret aufzustellen, die Kaninchen würden sicherlich einen zentralen Platz bevorzugen. Hier gilt es, Überzeugungsarbeit zu leisten und eine Lösung zu finden, die beide Seiten befriedigt. Ist eines Ihrer Hoppler stur und wünscht seinen Toilettenplatz mitten auf dem weißen Wohnzimmerteppich, sollten Sie seinem Verlangen zunächst nachgeben und nicht mit ihm diskutieren. Sie können versuchen, Ihr Kaninchen auszutricksen, indem Sie die Toilette täglich ein kleines Stückchen verschieben, um sie von der Wohnzimmermitte zu verlegen. Manchmal ist es hilfreich, den Toilettenplatz zu erhöhen, ihn also auf ein kleines Podest zu stellen oder einfach dicke Lagen Zeitung unter die Toilette zu legen. Kaninchen mögen es, wenn jeder ihre Toilette sieht. Ein Ansinnen, das uns eher fremd erscheint.

Toilettenhygiene

Leider gehen die Meinungen von Kaninchen und Zweibeinern über die richtige Toilettenstreu weit auseinander. Während Kaninchen lockere Erde oder weiches Gras als Untergrund bevorzugen, sind viele Menschen anderer Meinung. Erde und Sand bleiben an den Kaninchenläufen hängen und führen zu unschönen Fußspuren auf Böden und Teppichen. In den Fachmärkten wird eine Fülle von Einstreumaterialien angeboten.

Einstreuvarianten

Die meisten sind auf Basis von Pflanzenfasern hergestellt und als Pellets erhältlich. Diese Pellets zerfallen, wenn die Tiere darauf treten und saugen Kot und Urin mehr oder weniger gut auf. Am besten sind Einstreumaterialien aus natürlichen Fasern wie Hanf-, Stroh-, Mais- oder anderen Pflanzenfasern. Staubfreie, für Allergiker geeignete Zellulosekrümel sind ebenfalls sehr empfehlenswert, allerdings nicht gerade billig. Sie sind aus Altpapier hergestellt, haben gute Saugeigenschaften, kleben nicht an den Pfoten und sind sehr weich. Sie sind für Kaninchen und Meerschweinchen gleichermaßen gut geeignet.

Hände weg von Deos und Parfüm

Leider riecht man in vielen Haushalten die Anwesenheit von Kaninchen, ganz vermeiden lässt sich der Geruch nicht. Dringend abzuraten ist von allen parfümierten Einstreumaterialien. Es gibt Streusorten, die mit Zitrone, Lavendel oder Ähnlichem parfümiert sind.

Kaninchen mögen rechteckige Toiletten besonders gern. Sie bieten viel Platz zum Scharren.

Wer pinkelt schon gern auf eine Zitrone? Außerdem sind die Gerüche eine ziemliche Beeinträchtigung für empfindliche Kaninchennasen. Ebenso ungeeignet sind auch alle Deodorants, die im Handel empfohlen werden. Erstens beseitigen sie die Gerüche nicht zuverlässig und zweitens sind die enthaltenen Aerosole nicht gesund.

Gefährliche Katzenstreu

Dringend abzuraten ist von klumpender Katzenstreu. Diese ist zwar ganz praktisch, weil der Urin mit der Streu verklumpt und leicht zu entfernen ist, aber leider haben Kaninchen die Eigenschaft, hin und wieder auch einen Happen aus ihrer Toilette zu fressen. Die klumpende Streu im Kaninchenmagen kann verheerende Folgen haben: Der Klumpen im Magen lässt sich nur mit massiver tierärztlicher Intervention entfernen und die Tiere können daran sterben. Für welches Streu man sich entscheidet, ist letztlich auch vom Geldbeutel und den Lebensumständen von Mensch und Kaninchen abhängig.

Es gibt viele Wege, einen sinnvollen Kompromiss für Mensch und Tier zu finden, mit dem sich alle Beteiligten wohlfühlen.

Toilettenreinigung

Unsere Vorstellungen von einer sauberen Toilette weichen leider von der Vorstellung einer idealen Toilette der Kaninchen ab. Während wir ein möglichst sauberes stilles Örtchen bevorzugen, lieben Kaninchen eher Toiletten, denen man auch ansieht oder besser anriecht, dass es Toiletten sind – und stille Örtchen sind bei den Langohren ohnehin unbeliebt. Versuchen Sie, bei der Toilettenreinigung darauf Rücksicht zu nehmen, und belassen Sie etwas verschmutzte Einstreu oder ein paar Kotkügelchen in der Toilette, damit Ihre Kaninchen nicht wieder anfangen müssen, den Toilettenplatz möglichst schnell zu markieren. Kaninchen tendieren dazu, Kot und Urin in unterschiedlichen Toiletten zu deponieren, deshalb gibt es Toiletten, die häufiger genutzt werden

Blumenkübel sind recht anziehend, besonders die lockere Erde, die zum Buddeln einlädt.

Beste Wohnlage mit Ausblick

Obwohl es allgemein empfohlen wird, den Kaninchenkäfig auf den Boden zu stellen, wäre es kaninchengerechter, einen erhöhten Standort zu finden. Wie schon gesagt, Kaninchen haben vor allem Angst, was von oben kommt, und ihnen würde dadurch die Angst ein wenig genommen, wenn sie mit uns auf gleicher Höhe sind. Ist dies aus Platzgründen nicht möglich, sollte der Kaninchenkäfig in einer ruhigen Ecke stehen. Es sollte nicht zu viel Verkehr vor und rund um den Käfig herrschen.

Wenn der Käfig jedoch nur auf dem Boden Platz findet, sollte er möglichst nicht von oben geöffnet und am besten mit einem lichtdurchlässigen Tuch abgedeckt werden. Das nimmt den Kaninchen die Angst vor allem, was über ihren Köpfen kreist.

Die Wohnung aus Kaninchenperspektive

Wohnungskaninchen laufen zwar nicht Gefahr, von einem Raubvogel gefressen zu werden, doch dafür lauern andere Gefahren. Bevor Sie Ihre Kaninchen laufen lassen, sollten Sie die Wohnung mit Kaninchenaugen betrachten. Dazu kann es ganz nützlich sein, sich auf den Boden zu legen und sich die Welt von unten anzusehen, sozusagen aus Kaninchenperspektive. Dazu sollte man die Augen zusammenkneifen, damit man weniger gut sieht, die Musik leise stellen und lauschen, welche Geräuschkulisse herrscht. Auch wenn einem das Klappern der Geschirrspülmaschine nicht beunruhigend vorkommt, könnte es für Kaninchen eher bedrohlich wirken. Ein lauter Fernseher oder die auf dem Sofa dösende Katze können ebenfalls sehr beängstigend sein.

Angenagt

Während man auf dem Boden liegt, kann man feststellen, was es alles Interessantes in Bodenhöhe gibt. Stromkabel, Zeitungen, Hausschuhe, Zierleisten von Teppichböden, Steckdosen, Blumenkübel, Teppiche mit leckeren Fransen und dergleichen mehr. Da Kaninchen neugierig sind und schlecht sehen, untersuchen sie viele Dinge mit den Zähnen. Das heißt, dass sie neue Dinge benagen, um auszuprobieren, ob man sie eventuell essen oder Sonstiges damit anstellen kann. Der Verzehr eines Stromkabels hat unangenehme Folgen, und auch Teppichfransen, in großen Mengen genossen, führen zu heftigen Verdauungsstörungen. Deshalb sollte man versuchen, die Wohnung kaninchensicher zu machen oder die Langohren so weit zu überwachen, dass sie keinen Unsinn anstellen können.

Vorsicht, Elektrokabel!

Da Kaninchen sehr an Elektrokabeln interessiert sind, sollte man ihnen besondere Aufmerksamkeit schenken, sonst kann es leicht passieren, dass plötzlich weder Telefon noch Fernseher funktionieren. Einen Kabelschutz in Form eines Kabelkanals bekommt man recht günstig im Baumarkt. Der besteht zwar auch aus Plastik, ist aber wesentlich stabiler als ein Elektrokabel und hält Beißattacken besser stand. Kabelkanäle aus Aluminium sind stabiler, aber auch teurer. Am besten ist jedoch, man sorgt im Alltag für genügend Abwechslung, damit das Kaninchen gar nicht erst auf die Idee kommt, Kabel zu benagen.

Tagaktiv

Wildkaninchen sind dämmerungsaktiv, das heißt, sie sind in den frühen Morgen- und Abendstunden am aktivsten. Das kann manchmal mit der menschlichen Tagesplanung kollidieren. Ein heftig im Käfig polterndes Kaninchen sonntagmorgens um fünf Uhr stößt nicht bei allen Familienmitgliedern auf Gegenliebe. Kaninchen fühlen sich im Dämmerlicht am wohlsten und darauf sollte man Rücksicht nehmen. Schon allein wegen der Hitzeanfälligkeit der Tiere sollte der Käfig eher schattig stehen und möglichst keiner direkten Sonneneinstrahlung ausgesetzt sein. Dem berufstätigen Kaninchenbesitzer kommt der Tagesrhythmus der Kaninchen entgegen, da sie nach Feierabend der meisten Besitzer am aktivsten sind. Für Kinder, die früher ins Bett gehen, kann es störend sein.

Abgedunkelt
Anders als bei Vögeln, hilft eine Abdunklung des Käfigs oft nicht, um die Tiere ein Stündchen länger zum Schlafen zu bewegen oder ihnen zu signalisieren, dass jetzt Schlafenszeit ist. Im Gegenteil: Kaninchen können sich im Dunkeln gut orientieren und fühlen sich wohl. Hilfreich wäre also eher grelles Licht. Das mögen die Tiere nicht so gern und ziehen sich dann in ihr Häuschen zurück. Am sinnvollsten ist es also, den Kaninchenkäfig nicht unbedingt im Schlaf- oder Kinderzimmer aufzustellen. Die meisten Kaninchen sind allerdings so anpassungsfähig, dass sie ihre Aktivitätsphasen in die Zeit legen, in der auch die zweibeinigen Mitbewohner wach und aktiv sind.

Da schlägt das Kaninchenherz höher: ein King-Size-Heim mit eigenem Zimmerauflauf!

Außenhaltung

Balkonhaltung

Eine gute Alternative zur Wohnungshaltung ist die Balkonhaltung. Die Kaninchen haben frische Luft, Platz und mit etwas Geschick kann man den Balkon in ein echtes Kaninchenparadies verwandeln. Allerdings sollten Sie vorab ein paar Dinge bedenken, bevor Sie sich ins Abenteuer stürzen.

Zwar ist Kaninchenhaltung in Mietwohnungen generell nicht verboten, doch Sie sollten vorab mit Ihrem Vermieter und Ihren Nachbarn sprechen, bevor Sie Ihren Balkon umrüsten. Manche stören sich an den Mümmelmännern oder an Balkonnetzen, die zur Sicherheit der Kaninchen dienen, und bevor es hinterher zu Streitereien kommt, sollte man zuvor ein klärendes Gespräch suchen.

Vorteile

Die Kaninchen können sich auf dem Balkon frei bewegen und selbst entscheiden, wann sie ihr Häuschen aufsuchen wollen oder sich im Käfig verkriechen möchten. Diese Haltung gleicht bei einem ausbruchs- und absturzsicheren Balkon der Gartenhaltung – der Haltungsform, die den natürlichen Bedürfnissen der Tiere am nächsten kommt. Die Kaninchen haben einen großen Bewegungsradius, können ihren Tagesaktivitäten, wie Hoppeln, Fressen und idealerweise Graben und Scharren ungestört nachgehen und leiden, wenn sie ausreichend Beschäftigungsmöglichkeiten (Kapitel 5) geboten bekommen, nicht unter Langeweile.

Bitte nicht allein!

Auf dem Balkon lebende Kaninchen haben viel zu tun und zu sehen, doch sie sollten auch hier immer mindestens zu zweit gehalten werden. Zum einen haben sie auf dem Balkon naturgemäß weniger Ansprache durch den Menschen, zum anderen haben Einzelkaninchen weniger Motivation, sich zu bewegen, und können dann, trotz Winterfell, im Winter erkranken. Welcher Mensch sitzt schon gern bei vier Grad im Nieselregen auf dem Balkon, um sein Kaninchen zu unterhalten? Den Kaninchen dagegen macht solches Wetter gar nichts aus, sie ziehen es der Sommerhitze sogar vor. Die Außenhaltung vor allem im Winter hat auch eindeutig Vorteile für die Gesundheit.

Vor allem Tiere, die unter einem chronischen Kaninchenschnupfen leiden, haben im Winter weniger Probleme, da die trockene Heizungsluft in der Wohnung gerade für diese Kaninchen problematisch ist. Natürlich kann man die Kaninchen auch stundenweise in der Wohnung laufen lassen. Das verkraftet auch ein Draußenkaninchen gut, ohne einen Hitzekollaps zu bekommen. Da die Tiere jedoch die meiste Zeit ohne menschliche Gesellschaft verbringen, sind sie mehr auf ihren Artgenossen fixiert als auf den Menschen.

Ein Balkon mit Holzboden, fast wie in der Natur. Hier haben die Kaninchen eine echte Rennpiste.

Ausbruchssicher

Der Balkon muss natürlich so gesichert sein, dass die Langohren sich nicht unter oder durch die Gitter der Balkonbrüstung hindurchquetschen oder -graben können und Gefahr laufen, abzustürzen. Einen Balkon kaninchensicher zu machen, ist nicht immer leicht. Es ist erstaunlich, wo ein Kaninchen überall durchkommt und durch welche Befestigungsanlagen sie sich hindurchgraben oder -beißen können. Um zu gewährleisten, dass Kaninchen die Barrieren nicht überwinden können, eignet sich engmaschiger Draht am besten. Allerdings birgt er die Gefahr, dass die Tiere mit ihren Krallen hängen bleiben und sich verletzen. Zudem sollten Sie darauf achten, dass der Draht nicht mit Kunststoff ummantelt ist – die Ummantelung wird meistens sofort abgeknabbert und ist ziemlich unbekömmlich.

Welpengitter

Welpengitter eignen sich auch als Absperrung. Das sind verzinkte Gitterteile, die man zusammenstecken kann. Sie lassen sich platzsparend aufbewahren und sind sehr stabil.

Frische Knabberzweige sind eine willkommene Beschäftigung für die Mümmelmänner.

Eigentlich sind sie für Hundewelpen gedacht, leisten aber auch bei der Kaninchenhaltung gute Dienste. Erhältlich sind sie über den Zoofachhandel, auf Hundeausstellungen oder über das Internet. Der einzige Nachteil ist, dass sie relativ teuer sind. Dafür sind sie sicher, denn kleine Hunde können genauso viel kaputt machen wie Kaninchen.

Kaninchenfreundlicher Boden

Der Balkonboden sollte möglichst nicht rutschig sein, da Kaninchen nicht gern auf glatten Böden laufen und bei ungeeignetem Untergrund lieber im Käfig sitzen bleiben, als den Balkon zu nutzen. Ist der Balkonboden zu rutschig, kann man sich mit Stroh-, Hanf- oder Grasmatten behelfen, die im Fachhandel erhältlich sind und die auf dem Boden ausgelegt werden. Diese dürfen die Kaninchen auch problemlos benagen.

Balkone abwechslungsreich gestalten

Im Grunde wird das Balkongehege genauso eingerichtet wie das Außengehege. Allerdings kann bei den meisten Balkongehegen auf eine Abdeckung gegen Feinde von oben verzichtet werden, es sei denn, der Balkon ist nicht überdacht oder sehr exponiert. Hängen große Äste bis auf den Balkon, sollten diese entfernt werden, denn für Marder ist es ein Leichtes, darüber auf den Balkon zu gelangen und sich ein Kaninchen zu greifen. Außerdem haben neuere Untersuchungen ergeben, dass in städtischen Gebieten wesentlich mehr Wildtiere heimisch sind, als bislang angenommen. Es gibt zahlreiche Marder, Dachse, Füchse und Wildschweine, die als Kulturfolger in die Städte gezogen sind, weil sie dort reichlich Nahrung finden. Auch Wildtiere sind sehr anpassungsfähig, und leider gibt es immer wieder Berichte über Raubzüge von Mardern oder von hungrigen Greifvögeln auf Balkonen.

Nach Zweigen recken, nachlaufen, wälzen und mit Kumpeln balgen – Arbeitstag eines Kaninchens.

Gartenhaltung

Diese Haltungsform kommt den natürlichen Bedürfnissen der Kaninchen besonders entgegen. Leider beschäftigt man sich in der kalten Jahreszeit weniger mit den Langohren, als uns lieb wäre. Das Vorurteil, dass Kaninchen bei Außenhaltung oder Balkonhaltung scheu und wild werden, lässt sich übrigens im Allgemeinen nicht bestätigen, denn die Tiere werden weiterhin versorgt und gepflegt. Es ist spannend und macht Spaß, die Kaninchen bei ihren verschiedenen Aktivitäten im Garten zu beobachten – fast besser als fernsehen. Für die Gartenhaltung gilt natürlich auch: Die Kaninchen müssen vor Feinden geschützt und daran gehindert werden, den Garten zu verlassen. Je nach Untergrund besteht die Gefahr, dass sie sich durch ein selbst gegrabenes Tunnelsystem aus ihrem Gehege entlassen. Bedenken Sie diesen Aspekt bitte, wenn Sie den Bau eines Außengeheges planen.

Tunnel und Röhren

Kaninchen buddeln ausgesprochen gern und sind virtuose Tunnelgräber. Dazu haben sie im Garten reichlich Gelegenheit und viele Besitzer lassen das auch gern zu. Das Problem dabei ist, dass die Kaninchen sich manchmal einen Tunnel in die Freiheit buddeln und plötzlich verschwunden sind. Es gibt allerdings viele Berichte von Kaninchengruppen, die fröhlich im Garten leben, über ein ausgedehntes Tunnelsystem verfügen, sich dort vergnügen und nie ausbüxen. Sie können das Ausbruchsrisiko minimieren, indem Sie den Untergrund entsprechend präparieren, und zwar so, dass sich die Kaninchen nicht durchgraben können.

Rasengittersteine

Eine gute Alternative sind Rasengittersteine. Sie haben mehrere Vorteile: Sie sind in jedem Baumarkt erhältlich und kosten nicht viel. Durch die Rasengittersteine wächst Gras, das die Kaninchen fressen können.

Außerdem nutzen sich die Krallen ab, wenn sie auf den Steinen laufen. Die Tiere können trotzdem ein wenig in den Zwischenräumen buddeln, allerdings sind die grasbewachsenen Flächen nicht so groß, dass sie dort ganze Tunnelsysteme anlegen könnten. Abgesehen davon sieht es schöner aus und ist für die Kaninchen eine angenehmere Alternative als ein betonierter Auslauf.

Schutzwall

Wer seinen Kaninchen ein möglichst gefahrloses Buddeln ermöglichen möchte, kann das Gitter des Geheges versenken. Dazu wird ein mindestens 50 Zentimeter, besser ein 1 Meter tiefer Graben gezogen. Der Maschendraht des Geheges reicht bis zum Grund des Grabens, danach wird die Erde wieder aufgeschüttet. Auch hier gilt: Der übliche Hasendraht ist nicht stark genug. Der Draht sollte mindestens 1 mm dick sein und relativ enge Maschen aufweisen. Als Faustregel gilt: Durch die Löcher darf kein mittelgroßes Ei hindurchpassen, denn überall dort, wo ein Ei durchpasst, passt auch ein Marder durch.

Dennoch besteht Fluchtgefahr, denn Kaninchen schaffen es locker, sich einen Meter und tiefer ins Erdreich zu graben. Man kann das verhindern, indem man die Tunnel von Zeit zu Zeit wieder zuschüttet, sehr zum Ärger der Kaninchen.

Elektrozaun

Kaninchengehege können ohne Probleme mit einem Elektrozaun gesichert werden. Diese Einzäunung hat viele Vor- und wenig Nachteile. Geeignet ist ein engmaschiger Elektrozaun, der auch für die Haltung von Geflügel genutzt wird (z.B. Hobbygard A, Firma Horizont). Dieser Netzelektrozaun hat enge Maschen und ist ca. 50 cm hoch. Er wird mit Kunststoffpfählen geliefert, an denen das Netz eingehängt wird. Diese Pfähle werden in den Boden gesteckt und mittels eines mitgelieferten Akkus an den Strom angeschlossen. Der Mensch kann den Zaun problemlos übersteigen und der Stromimpuls des Zaunes ist recht schwach. Die Kaninchen lernen schnell, den Zaun zu respektieren, und bleiben ihm fern. Im Garten ist die Art der Einzäunung recht praktisch. Man braucht keine Grabenanlagen zu bauen, um Schutzzäune einzubuddeln. Da die Kaninchen dem Zaun fernbleiben, graben sie auch keine Löcher und Höhlen am Zaun, und können dadurch nicht ausbrechen. Außerdem ist der Zaun flexibel, das heißt man kann ihn leicht

Kaninchen mögen Tunnel, durch die sie kriechen und in denen sie sich verstecken können.

versetzen und so verschiedene Flächen nutzen. Das gibt der bereits abgefressenen Fläche auch ein wenig Zeit, sich wieder zu erholen. Zudem werden Eindringlinge wie Katzen, Marder und Füchse abgeschreckt, denn sie haben Angst vor Strom. Der Anschaffungspreis mit ca. 300 Euro für das Set ist relativ günstig, wenn man bedenkt, wie variabel der Zaun eingesetzt werden kann. Dieser Zaun ermöglicht den Tieren eine artgerechte Lebensweise, sichert sie allerdings nicht gegen Greifvögel ab. Wenn die Hoppler genug Unterschlupfmöglichkeiten haben, ist die Gefahr, von einem Raubvogel geschlagen zu werden, relativ gering.

Der passende Untergrund

Am liebsten mögen Kaninchen Rasen oder Wiese als Untergrund. Man kann auch eine Wildkräutermischung einsähen, in der die Mümmelmänner leckere Kräuter finden. Die Freude währt jedoch meist nicht lang: Kaninchen fressen den Rasen schnell ab. Was als saftig grüne Wiese begonnen hat, endet schnell als trockene, braune Wüste (je nach Platz und Anzahl der Tiere). Nachdem alles abgefressen ist, buddeln und scharren die Langohren. Das sieht zwar nicht so schön aus, ist aber ein Beweis dafür, dass sich die Tiere wohlfühlen.

Um dem Gras eine Pause zu gönnen, bietet sich ein Außengehege an, das man versetzen kann. Dann kann sich das abgefressene Rasenstück erholen, während die Kaninchen an einer anderen Stelle fressen. Das funktioniert allerdings nur, wenn man über einen großen Garten verfügt.

Erde

Auch Erde ist als Untergrund bei Kaninchen sehr beliebt, vor allem lockere feuchte Erde. Der Nachteil ist jedoch, dass die Tiere unentwegt buddeln und die lockere Erde beim Graben im hohen Bogen durch den restlichen Garten geschleudert wird.

Ein idealer Kaninchenauslauf mit vielen Versteck- und Beschäftigungsmöglichkeiten.

Sand

Feiner Sand aus dem Baumarkt wird mindestens genauso geschätzt wie Erde. Sand hat den Vorteil, dass er weniger Schmutz verursacht und auch leicht von Kot und Urin zu reinigen ist. Man kann ihn einfach mit einem kleinen Rechen durchkämmen, um den Schmutz zu entfernen.

Rindenmulch

Rindenmulch ist zwar bei Kaninchen auch sehr beliebt, lässt sich aber schlecht säubern. Außerdem sieht man Verschmutzungen nicht so gut wie im Sand.

Hinzu kommt, dass Rindenmulch manchmal mit Schädlingsbekämpfungsmitteln behandelt wurde und zu Verdauungsstörungen führen kann.

Beton

Ein besonders stabiler Untergrund im Garten wird durch den Bau einer Betonplatte erreicht. Durch die Betonplatte können sich die Kaninchen nicht hindurchgraben, allerdings benötigt man doch einen geschickten Handwerker im Haus, der sie gießen kann. Hinterher wird sie mit Erde bedeckt und Gras darauf angesät. Das sieht wesentlich schicker aus als eine graue Betonplatte, bietet den Kaninchen Abwechslung und erlaubt ihnen, auf einem natürlichen Untergrund zu scharren, ohne tiefe Tunnel buddeln zu können. Doch nicht jeder Vermieter zeigt Verständnis, wenn sein Garten mit Beton ausgegossen wird, daher sollten Sie in Mietshäusern oder -wohnungen unbedingt vorher eine Einverständniserklärung einholen. Möglicherweise möchte man die Betonplatte wieder loswerden, wenn das Mietverhältnis beendet wird, oder die Kaninchen sterben, doch das ist nur mit größerem Aufwand zu erreichen.

Besonders weiße Kaninchen sind für Feinde gut zu erkennen. Sie sollten Verstecke erhalten.

Ganzjährig draußen

Kaninchen können problemlos das ganze Jahr über draußen gehalten werden, sowohl auf dem Balkon als auch im Garten. Auch wenn viele ahnungslose Mitmenschen der Meinung sind, den Kaninchen sei es zu kalt, stimmt das nicht, denn sie haben ein warmes Fell. Besonders wenn sie ganzjährig draußen leben, passen sie sich an und bekommen ein dichtes, kuscheliges Winterfell, während es im Sommer kürzer mit weniger Unterwolle ist. Die Tiere fühlen sich draußen pudelwohl und leiden eher unter Hitze als unter Kälte.

Sommer

Obwohl viele Kaninchen im Sommer Sonnenbäder nehmen, meiden sie meistens die pralle Sonne. Die Tiere sind sehr kreislaufsensibel und können schnell einen Hitzschlag bekommen. Kaninchen leiden aufgrund ihres dicken Fells eher unter Hitze, als sie im Winter frieren. Der Auslauf muss den Tieren auf jeden Fall die Möglichkeit bieten, sich in ausreichend kühle Gefilde zurückzuziehen. Am besten ist es, wenn sich die Kaninchen in ein selbst gebautes Tunnelsystem verkriechen können. Unter der Erde ist es schön kühl und schattig. Dort verbringen die Kaninchen häufig ihren Tag und kommen abends wieder zum Vorschein. Auch ein schattiger Baum oder ein gut belüftetes Häuschen bieten ausreichend Schutz. Im Sommer muss man vor allem darauf achten, dass sich die Luft unter den Dächern nicht staut und der Schattenplatz ausreichend belüftet ist. Gut geeignet sind Gartenelemente aus Ton oder Stein, die normalerweise als Beeteinfassungen dienen. Sie sind groß genug und spenden schattige Kühle. Umgestülpte Tongefäße kann man zudem auch mit dem Gartenschlauch befeuchten und so für eine Art Klimaanlage sorgen. Durch die Verdunstung des Wassers werden die Tonröhren gekühlt. Dafür eignen sich große Blumenkübel, in die eine Öffnung geschnitten wird. Die Kaninchen setzen sich sehr gern in solche Behausungen, man sollte jedoch darauf achten, dass die Kanten der Öffnung nicht zu scharf sind, denn sonst verletzen sich die Bewohner. Umgestülpte Weidekörbe werden ebenfalls gern als Kaninchenpergola verwendet.

Kaninchen die im Freien leben, sind immer beschäftigt mit: Körperpflege ...

... Unterhaltung mit Kaninchenfreunden und gemeinsamem Grasmümmeln ...

Frisches Wasser

In der heißen Jahreszeit brauchen die Kaninchen immer ausreichend frisches Wasser. Außerdem muss die Fütterung der Temperatur angepasst werden. In den Sommermonaten häufen sich die Patienten in der Tierarztpraxis mit Magenanschoppungen und Überladungen (mehr dazu Kapitel 7). Es scheint einen Zusammenhang zwischen dieser Erkrankung und der Sommerfütterung zu geben. Frisches Saftfutter wird nun oft in großen Mengen zur Verfügung gestellt und wenn die Tiere zudem Pelletfutter aufnehmen, kann es zu Gärprozessen im Magen kommen. Dies führt zu akuten lebensbedrohlichen Erkrankungen, die sofort vom Tierarzt behandelt werden müssen. Daher ist es besser, an heißen Tagen wenig Saftfutter anzubieten und die Pellets zu reduzieren oder ganz wegzulassen. Dafür sollte viel frisches Wasser und Heu angeboten werden. Heufütterung ist keine Strafe für die Kaninchen, denn sie ernähren sich in der Natur hauptsächlich von Gras, auch von trockenen Halmen. Das Heu muss allerdings immer trocken sein, sonst fängt es in der Hitze an zu gären.

... ausgedehnten Ruhepausen nah beim schützenden Unterschlupf ...

Check

Das brauchen Kaninchen im Sommer

- Geschützter sommertauglicher Stall im Freigehege
- Ausreichend kühle Schattenplätze
- Frisches Trinkwasser
- Sommerfutter: Reduktion des Kraft- und Saftfutters, um Magenblähungen zu vermeiden
- Regelmäßige Kontrolle auf Fliegenmadenbefall

Vorsicht, Fliegenmaden

Durch feuchte Kotverklebungen am After werden im Sommer Fliegen angelockt, die ihre Eier ort ablegen. Aus diesen Eiern entwickeln sich innerhalb kurzer Zeit Maden, die zu massiven Verletzungen und Entzündungen führen, da sie sich in das Kaninchen hineinbohren. Diese Erkrankungen sind schwerwiegend, äußerst unangenehm und lebensbedrohlich. Sie entwickeln sich sehr schnell und werden oft übersehen. Um dem vorzubeugen, sollte man jedes Kaninchen zweimal täglich kontrollieren.

... oder mit Sozialkontakten bei einem trockenen Zweig. So bleibt man auf dem Laufenden.

Fröhliche Kaninchen im Schnee haben einen wunderschönen Winterpelz, der sie vor Kälte schützt.

Auch im Winter kann man nach Herzenslust Zweige beknabbern ...

Winter

Kaninchen müssen sich im Winter nicht zusätzlich wärmen. Sie haben ihr Winterfell, das sie gut wärmt und gegen Kälte isoliert. Deswegen werden viele Kaninchen bei Temperaturen, die uns eher unangenehm erscheinen, erst richtig munter. Das Fell bietet außerdem ausreichend Schutz gegen Feuchtigkeit, da die Tierhaare mit einem Fettfilm überzogen sind, und auch die Haut relativ fettig ist. Das bewirkt, dass die Feuchtigkeit nicht bis zur Haut vordringen kann und Wassertropfen abperlen beziehungsweise leicht wieder abgeschüttelt werden können.

Kaninchen hüpfen ausgesprochen gern durch den Schnee und halten sich sogar im strömenden Regen draußen auf, obwohl sie ihre Hütte oder ihren Unterschlupf aufsuchen könnten.

Abwechslung

Wie alle Tiere brauchen auch Kaninchen Anregung und Motivation. In einer Gruppe herrscht ohnehin schon Leben, da sich die Kaninchen miteinander beschäftigen. Hin und wieder

kann man den Auslauf noch ein wenig umdekorieren, um neue Reize zu schaffen. Stellen Sie das Futter in eine andere Ecke, legen Sie neue Knabberzweige hinein, verschieben Sie das Häuschen oder bieten Sie einen anderen Unterschlupf an. So haben die Kaninchen immer etwas Neues zu entdecken.

Selbst bei schlechtem Wetter halten sich die Kaninchen gern im Freien auf.

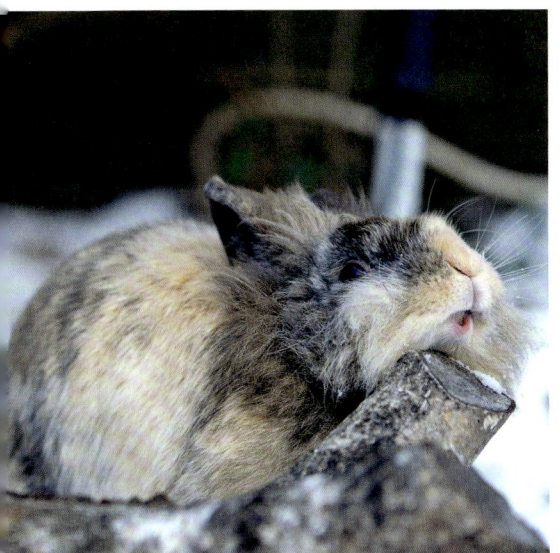

... oder mit dem Kinn markieren, um dufte Nachrichten zu hinterlassen ...

und nach dem Buddeln bleibt ein weißer Bart zurück. – Schneemann oder Osterhase?

Gut isolierte Häuschen

Die Winterhaltung im Freien ist nicht besonders kompliziert. Die Kaninchen benötigen ein gut isoliertes Häuschen und einen Unterstand, in den sie sich bei Kälte zurückziehen können. Anders als im Sommer muss dieser Unterstand nicht besonders gut belüftet sein, er sollte auf jeden Fall vor Zugluft geschützt sein.

Oft wird Styropor zur Isolierung empfohlen. Leider lieben die neugierigen Kaninchen es, dieses Material zu zerkleinern – vor allem wenn der Käfigboden damit gedämmt wurde – und dabei kommt es oft zu fatalen Verdauungsstörungen. Styropor ist nur dann als Isolationsmaterial geeignet, wenn es von den Langohren nicht angefressen werden kann. Besser geeignet sind natürliche Materialien wie Laub, Stroh, Gras- oder Hanfmatten.

Selbst gebauter Unterschlupf

Aus einer ausrangierten Obst- oder Weinkiste lässt sich leicht ein bequemer Unterstand bauen. Nehmen Sie eine stabile Obst- oder Weinkiste, befestigen Sie eine Spanplatte an der langen Seite. Dann wird die Kiste einfach auf die Spanplatte gestellt, der Boden der Kiste bildet nun die Rückwand. Polstern Sie den Unterstand mit Stroh oder Heu aus, dann fühlen sich die Kaninchen sehr wohl darin. Sie können auch aufs „Dach" des Unterstands springen und haben von hier oben einen wunderbaren Überblick. Auch ein stabiler Brennholzstapel eignet sich gut als Unterschlupf, er isoliert von außen, lässt sich gefahrlos beknabbern und sieht auch noch schön aus.

Check

Das brauchen Kaninchen im Winter

• Geschützter, wintertauglicher Stall mit Freigehege, ein gut isoliertes Schlafhäuschen
• Trockene Plätze im Auslauf
• Nagematerial aus dem Wald, Äste, Zweige, Laub
• Lauwarmes Wasser oder noch besser eine beheizte Tränke
• Heu und Energiezufuhr, eventuell sogar Erhöhung des Pelletfutters

Nimm zwei

Kaninchen brauchen Gesellschaft

Kaninchen sind Rudeltiere und brauchen Gesellschaft. Trotzdem werden viele Kaninchen nach wie vor allein gehalten. Im Grunde ist das nichts anderes, als wenn ein Mensch in Einzelhaft in einer Gefängniszelle sitzt und keinen Kontakt zu anderen Menschen hat. Die Zelle, respektive der Käfig, wird für kurze Zeit am Tag zum Hofgang geöffnet und der wird dann auch noch strengstens überwacht. Das ist kein artgerechtes Kaninchenleben. Für ein glückliches Leben brauchen Kaninchen Gesellschaft, Platz und Gras.

Kaninchen-Krisen

Viele Kaninchenhalter sind sehr beunruhigt, wenn sich ihre Kaninchen streiten, doch das ist normal. In jeder Familie gibt es Auseinandersetzungen und niemand schafft es, sein Leben in vollkommener Harmonie mit anderen zu verbringen – nicht einmal die sozialen Kaninchen. Daher ist es nicht tragisch, wenn sich die Kaninchen zeitweise schlechter verstehen, sich jagen und beißen. Allerdings ist die Grundvoraussetzung für ein friedliches Zusammenleben, dass die Tiere genügend Platz haben, um sich aus dem Weg zu gehen – besonders in Krisenzeiten. Wir verlassen nach einem Streit auch das Haus, um uns bei einer Freundin auszuweinen oder frische Luft zu schnappen und um unserer aufgebrachtes Gemüt zu besänftigen.

Kaninchenfreundschaften

Kaninchen können sehr enge Freundschaften schließen und unter dem Verlust eines Freundes leiden. Hat das Kaninchen einen anderen Artgenossen als Kumpel, ist es nicht mehr so sehr auf die Menschenfreundschaft angewiesen und orientiert sich mehr an seinem Kaninchenfreund, was für manchen Besitzer enttäuschend sein kann. Der Mensch kann jedoch niemals vollwertiger Ersatz für einen Artgenossen sein. Am leichtesten lassen sich Wurfgeschwister vergesellschaften. Aber auch Kaninchen aus verschiedenen Würfen gewöhnen sich ganz gut aneinander, wenn man früh genug damit beginnt. Denn auch für Kaninchen gilt: „Was Hänschen nicht lernt, lernt Hans nimmermehr."

Kaninchen und Meer-schweinchen

Um das Vermehrungsproblem zu umgehen, wurde früher die Vergesellschaftung von Kaninchen und Meerschweinchen empfohlen. In den meisten Fällen ist das Meerschweinchen in dieser Beziehung das arme Schwein. Kaninchen werden in aller Regel größer und terrorisieren das Meerschweinchen häufig. Vor allem männliche unkastrierte Tiere bedrängen das Meerschweinchen während der Brunstsaison massiv.

Doch die Meerschweinchen haben den Annäherungsversuchen der Kaninchen oft nichts entgegenzusetzen und tragen häufig schlimme Bisswunden davon.

Kaninchen und Meerschweinchen kommen in ganz unterschiedlichen Gebieten der Welt vor und abgesehen davon, dass sie Gras fressen und nachwachsende Zähne haben, ist ihnen nicht viel gemein. Man setzt einen Menschen schließlich auch nicht mit einem Gorilla zusammen, nur weil wir entwicklungsgeschichtlich eng miteinander verwandt sind.

Das soll nicht heißen, dass es nicht echte Freundschaften zwischen Kaninchen und Meerschweinchen geben kann und das zuvor Gesagte sollte Sie keinesfalls dazu verleiten, eine solche Freundschaft zu beenden. Auch hier ist es wichtig, dass beide ausreichend Platz zur Verfügung haben, um sich aus dem Weg zu gehen. Das Meerschweinchen sollte unbedingt einen eigenen Zufluchtsort bekommen. Das kann ein Häuschen im Käfig sein, dessen Öffnung groß genug für das Meerschweinchen, jedoch zu klein für das Kaninchen ist. Es kann auch ein extra Käfig mit einem Durchschlupf sein, durch den nur das Meerschweinchen passt, oder ein gemeinsamer Auslauf und nachts getrennte Käfige.

Verständigungsschwierigkeiten

Am Institut für Neurologie und Verhaltensbiologie der Uni Münster wurde 2004 eine Studie zu diesem Thema durchgeführt. Dabei konnten Meerschweinchen entscheiden, ob sie ihre Zeit mit anderen Meerschweinchen, anderen Kaninchen oder lieber allein verbringen möchten. Das Ergebnis war vorherzusehen und bestätigt alles, was wir über Kaninchen und Meerschweinchen wissen: Die Meerschweinchen waren am liebsten mit anderen Meerschweinchen zusammen. Außerdem wurde festgestellt, dass Meerschweinchen und Kaninchen definitiv eine andere Sprache sprechen und sich nicht verständigen können. Da auch wir nicht mit einem Marsmännchen, das eine andere Sprache spricht und uns nachts wach hält, zusammenleben möchten, sollten wir Kaninchen und Meerschweinchen auch nicht zusammen halten, höchstens in größeren Gruppen, wo jede Art mit Artgenossen zusammenlebt.

Wer sagt denn, dass man mit Meerschweinchen nicht kuscheln kann?

Angst vor Hund und Katze

Kaninchen können prinzipiell zusammen mit anderen Tieren gehalten werden. Wir sollten dabei jedoch immer bedenken, dass Kaninchen Beutetiere sind. Das heißt, dass die Anwesenheit eines Hundes oder einer Katze das Kaninchen ängstigen kann. Es ist am besten, wenn die Kaninchen von klein auf gelernt haben, dass Hunde und Katzen Freunde sein können.

Beute und Jäger

Allerdings passt ein davonhoppelndes Kaninchen wunderbar in das Beuteschema eines Hundes und einer Katze. Selbst wenn die Vierbeiner dem Kaninchen nichts tun, ist die Verlockung groß, ihm hinterherzurennen und es zu erschrecken. Solange das Kaninchen still sitzen bleibt, ist es meistens uninteressant, doch sobald es sich bewegt, beginnt die wilde Hatz. Egal wie innig die Freundschaft zwischen Kaninchen und Hund beziehungsweise Katze zu sein scheint – als verantwortungsvoller Tierhalter sollte man immer ein waches Auge auf die Tiere haben. Denn es kommt gelegentlich vor, dass der Jagdtrieb mit Hunden und Katzen durchgeht.

Gewöhnung an andere Haustiere

Will man Kaninchen und andere Haustiere aneinander gewöhnen, sollte dies langsam und vorsichtig geschehen. Am besten lassen Sie die Katze oder den Hund erst am Käfig schnuppern und dem Kaninchen durch den Schutz der Gitter Guten Tag sagen. Bei einem großen Hund ist es von Vorteil, wenn der Käfig auf einem erhöhten Platz steht und das Kaninchen dem Hund sozusagen Auge in Auge begegnen kann. Im nächsten Schritt holt man das Kaninchen aus dem Käfig und lässt es herumhoppeln. Der Hund befindet sich im Sitz oder Platz und darf das Kaninchen ruhig beobachten. Belohnen Sie sein braves Verhalten mit einem Leckerbissen.

Katzen dürfen daher mit dem Kaninchen herumlaufen. Dabei müssen Sie den Stubentiger jedoch genau im Auge behalten, ob er nicht versucht, ein bisschen Katz und Maus mit dem Kaninchen zu spielen. Es gibt Freigängerkatzen, die in Feld und Wald Wildkaninchen jagen, zu Hause jedoch das Kaninchen als Mitbewohner akzeptieren. Doch selbst wenn sich Hunde, Katzen und Kaninchen gut verstehen, sollten sie nie unbeaufsichtigt bleiben, nicht dass das Kaninchen doch noch mal zwischen die Zähne gerät.

Ungleiche Freundschaft – allerdings sollte man die beiden nicht unbeaufsichtigt lassen.

Nimmt man zwei Geschwister eines Wurfs bei sich auf, vertragen sich die beiden meist ein Leben lang.

Vergesellschaftung

Hält man zwei oder drei Kaninchen, sollte es in der Regel auch so bleiben. Die wenigsten wollen nach einem Jahr plötzlich 20 Langohren in Wohnung und Garten haben. Deshalb stellt sich die Frage: Wer wird mit wem vergesellschaftet? Am besten funktioniert die Vergesellschaftung unter Geschwistern, da sie den gleichen „Stallgeruch" haben und sich von klein auf kennen. Leider setzt die Geschlechtsreife schon mit ungefähr zwölf Wochen ein und damit auch die Paarungsbereitschaft bei Männchen und Weibchen. Handelt es sich um zwei gleichgeschlechtliche Kaninchen kann es zu geschlechtsgebundenen Streitereien kommen.

Kastration

Da Kaninchen sich sehr freudig fortpflanzen, oder Tiere mit dem gleichen Geschlecht irgendwann anfangen, sich in Rangeleien zu verwickeln, ist es eine Überlegung wert, einen oder beide zu kastrieren. Die einfachste Maßnahme ist die Kastration des Rammlers. Das kann bereits mit acht Wochen passieren und ist ein relativ kleiner Eingriff. Da Kaninchen jedoch diejenigen unter den Heimtieren sind, die Narkosen am wenigsten vertragen, kommt es im Lauf von Kastrationen leider immer wieder zu Todesfällen – selbst wenn die Narkose noch so gut, die Narkoseüberwachung und der OP-Standard sehr hoch sind und der Tierarzt moderne Narkosemittel einsetzt.

Kastration von Häsinnen

Die Kastration des Rammlers führt meistens zu einem friedlichen Zusammenleben der beiden Hoppler. Leider übersehen viele Besitzer, dass unkastrierte Häsinnen während der Fortpflanzungssaison sehr aggressiv, territorial und schwer zu handeln sein können. Manche Damen bedrängen den kastrierten Rammler auch massiv, weil sie nicht verstehen können, dass der kein Interesse zeigt. Auch kann in dieser Zeit – und die dauert immerhin von Februar bis Oktober – das Verhältnis zweier sonst friedlich zusammenlebender Häsinnen stark ramponiert werden. Gerade weibliche Tiere können äußerst aggressiv werden und sich schlimme Bissverletzungen zufügen. Deshalb wird zunehmend zur Kastration der weiblichen Tiere geraten. Dieser Eingriff ist etwas aufwendiger als die Kastration des Rammlers, weil die Bauchhöhle der Häsin bei der OP eröffnet werden muss, setzt sich jedoch immer mehr durch. In England ist sie bereits zur Standardoperation bei weiblichen Tieren geworden. Eine Kastration der Häsin ist in den meisten Fällen auch angezeigt, wenn zwei weibliche Tiere zusammen gehalten werden. Die kastrierten Tiere kommen meistens gut miteinander aus und haben in der Fortpflanzungszeit keinen Stress mehr. Die Entfernung der Geschlechtsdrüsen ist übrigens immer eine Kastration.

Die Vergesellschaftung von Rammlern muss nicht unbedingt bedeuten, dass beide kastriert werden müssen. Nach Eintritt der Geschlechtsreife zeigt sich, ob die Hormone mit den Herren durchgehen oder nicht. Wenn die Buben sich gar nicht mehr verstehen und sich beißen oder einer den anderen terrorisiert, sollten beide kastriert werden.

Es sollte jedoch beachtet werden, dass nicht jede Operation auch jedes Problem löst. Wenn Sie in Erwägung ziehen, Ihre Tiere kastrieren zu lassen, sollten Sie den Eingriff frühzeitig vornehmen lassen, bevor sich negative Verhaltensmuster entwickelt haben. Das führt meistens zu mehr Zufriedenheit auf beiden Seiten.

Vergesellschaftung – so geht's

Am besten gewöhnt man Kaninchen aneinander, wenn sie noch sehr jung sind. Allerdings darf man nicht vergessen, dass Kaninchen Individuen sind und es durchaus immer wieder zu Auseinandersetzungen kommen kann. Auch wenn Kaninchen in einem Zweierrudel eine klare Rangfolge haben, ist diese Hierarchie kein starres Gefüge, sondern hat fließende Grenzen. Die Rangordnung muss sich auch nicht unbedingt auf alle Bereiche beziehen. So kann es sein, dass eines der Tiere der Chef beim Futter und ein anderes der Chef im Käfig ist. Rangordnungen werden auch immer mal wieder neu ausdiskutiert und können sich ändern. Vor allem bei einem Neuankömmling gerät die Rangordnung durcheinander und muss wieder neu festgelegt werden. Deshalb ist es auch so schwierig, neue Kaninchen in eine bestehende Gruppe zu integrieren. Wenn man sich vor Augen hält, dass sich an bestehenden Wildkaninchengruppen meist nicht sonderlich viel ändert, außer dass einige Tiere abwandern, um neue Gruppen zu gründen, ist klar, warum Kaninchen Neuankömmlinge nicht unbedingt mit offenen Armen begrüßen.

Dieses Kaninchen ist neugierig und gespannt. Mit nach oben gerichteter Blume zeigt es Dominanz.

Das rechte Kaninchen ist unterwürfig, es duckt sich und kneift die Augen zusammen.

Tipps und Tricks zur Vergesellschaftung

Es gibt viele Gründe, warum man als Besitzer in Erwägung zieht, ein weiteres Kaninchen anzuschaffen. Das kann der Tod eines Artgenossen sein, die Feststellung, dass die eigene Zeit zu knapp ist, um sich ausreichend um ein einzelnes Kaninchen zu kümmern oder einfach die Erkenntnis, dass das Kaninchen einen Artgenossen braucht.

Obwohl Kaninchen gesellige Tiere sind, kann die Anwesenheit eines neuen Tieres unerwartete Probleme verursachen. Wir haben es gut gemeint und was macht das Kaninchen? Benimmt sich wie ein Platzhirsch, beißt und jagt das Neue und scheint alles andere als erfreut über den Neuzugang zu sein.

Der richtige Zeitpunkt

Kaninchen sind territorial. Das heißt, dass sie ihr gewohntes Umfeld als ihren Besitz betrachten und diesen nicht mit einem anderen Kaninchen teilen wollen, obwohl sie sich über Gesellschaft freuen sollten. Häsinnen legen häufig ein ausgeprägteres Territorialverhalten an den Tag als Rammler, und das verstärkt sich noch in der Brunstsaison. Es ist daher ratsam, ein zweites Tier in der hormonellen Ruhephase, also im Winter, anzuschaffen.

Neutrales Terrain

Damit es keine Probleme bei der Eingewöhnung gibt, sollte man einige Regeln befolgen. Man muss davon ausgehen, dass das „alte" Kaninchen seine Umgebung bereits kräftig mit seinen Duftdrüsen markiert hat. Das betrifft sowohl den Käfig als auch die Wohnung oder den Bereich, in dem es frei umherlaufen darf. In diesem Bereich wird es sich sicher fühlen und ihn gegenüber einem Neuankömmling verteidigen.

Die erste Begegnung der beiden Kaninchen sollte daher auf neutralem Gebiet stattfinden. Am besten in einem Raum, in dem sich das „alte" Kaninchen bisher nicht aufgehalten hat. Hier sind keine Geruchsmarkierungen vorhanden. Hilfreich ist auch, die beiden Kaninchen in zwei Käfigen nebeneinander zu stellen, damit sie sich an die Anwesenheit des jeweils anderen gewöhnen können. Keinesfalls darf man das neue Tier zu dem bisherigen Kanin-

Die Rangordnung ist klar, das linke Kaninchen ist der Boss.

Zu Beginn der Vergesellschaftung jagen sich Kaninchen oft gegenseitig.

chen in den Käfig setzen, in der Hoffnung, dass sich die zwei schon arrangieren werden. Außerdem kann man, auch wenn es absonderlich klingt, das neue Tier mit Einstreu, Kot und Urin des bereits hier lebenden Kaninchens abrubbeln. Das vermittelt einen vertrauten Geruch und macht die Eingewöhnung leichter.

Streitigkeiten aussitzen

Auch wenn Kaninchen Rudeltiere sind, ist doch jedes für sich ein Individuum mit eigenen Vorlieben und Abneigungen. In jeder Familie gibt es Streit und es lässt sich nicht vermeiden, dass Kaninchen zwischendurch ihre Auseinandersetzungen austragen. In den meisten Fällen passiert dabei nicht viel. Es fliegt eine Menge Fell, doch in den seltensten Fällen fügen sich die Tiere so schlimme Bisswunden zu, dass man sie trennen muss. Man sollte die Auseinandersetzungen unter Kaninchen austragen lassen, denn sie müssen sich miteinander arrangieren. Die meisten Besitzer machen den Fehler, Jagereien und Beißereien

vorzeitig zu beenden, weil sie Angst um ihre Tiere haben. Kinder müssen sich auch streiten und ihre Auseinandersetzungen klären, um Spannungen abzubauen. Genauso verhält es sich auch bei Kaninchen.

Auch wenn zwei neue Kaninchen gekauft werden, sollte genauso verfahren werden. Handelt es sich allerdings um Wurfgeschwister oder Kaninchen, die bereits vorher zusammen in einem Käfig gesessen haben, wird die Eingewöhnung leichter verlaufen. Man sollte jedoch berücksichtigen, dass Kaninchen, die den Freilauf teilen und sich hierbei gut verstehen, nicht unbedingt im engen Käfig miteinander harmonieren müssen. Kommt es im Käfig zu Rangeleien und Beißereien, macht es sicherlich Sinn, die Tiere während der Nacht zu trennen. Abgesehen davon können Kaninchen als dämmerungsaktive Tiere auch durchaus nachts im Freilauf bleiben, sie müssen nicht „ins Bett gebracht" werden. Das geht natürlich nur, wenn der Freilauf ausreichend gesichert wird.

Manchmal gibt es Krach. Man sollte es die Beiden regeln lassen, solange die Fetzen nicht zu doll fliegen.

Käfige

Selbst der beste Käfig kann einen Freilauf oder ein Außengehege nicht ersetzen. Man sollte immer daran denken, dass Kaninchen Rudeltiere sind, die sich viel bewegen und nicht 24 Stunden eingesperrt werden dürfen. Deshalb muss bei der Käfighaltung immer gewährleistet sein, dass die Kaninchen zumindest stundenweise Freilauf im Garten, auf dem Balkon oder in der Wohnung bekommen. Die meisten Käfige, die im Zoofachhandel erhältlich sind, eignen sich zur stundenweisen Unterbringung der Kaninchen oder zum Schlafen, wenn die Kaninchen ansonsten Freilauf haben. Man kann sie auch mal einsperren, wenn geputzt wird, oder wenn sie aus anderen Gründen unter Beobachtung gehalten werden müssen, z.B. bei Krankheit oder nach Operationen. Zur dauerhaften Kaninchenhaltung sind sie ungeeignet. Meistens sind sie viel zu klein: Mit einer Grundfläche von 100 x 50 x 50 cm lässt sich ein solcher Käfig eigentlich nur noch als „Kaninchenknast" bezeichnen. Wenn in diesen Käfigen neben dem Kaninchen noch ein Schlafhäuschen, eine Heuraufe und ein Futtertrog Platz haben sollen, ist kein Kaninchen mehr in der Lage, sich auf derart beengtem Raum zu bewegen. Zu zweit platzt der Käfig erst recht aus allen Nähten und Streitereien sind vorprogrammiert. Selbst als zwei- oder dreistöckiges Modell sind diese Käfige viel zu klein, und die Tatsache, dass die Kaninchen eine Etage höher klettern können, macht die Sache nicht besser. Außerdem sind die mehrstöckigen Käfige ausgesprochen schwierig zu reinigen, weil man sie erst auseinanderbauen muss, um sie sauber zu machen. Mittlerweile gibt es gute Alternativen von verschiedenen Herstellern und auch im Zoogeschäft zu den herkömmlichen Käfigen.

Herkömmlicher Käfig

Der Standard-Käfig aus dem Zoohandel besteht aus einer Plastikwanne, auf die eine Gitterverkleidung aufgesetzt wird, die sich von oben und von der Seite öffnen lässt. Für uns Menschen hat dieser Käfig viele Vorteile: Er ist platzsparend, leicht zu reinigen und kann gut in einer Ecke verstaut werden. Außerdem kann man leicht von oben füttern, Wasser geben und die Heuraufe befüllen. Aus Kaninchensicht

Dieser Käfig ist selbst für ein Kaninchen zu klein, bei Zweien mit Häuschen platzt er aus allen Nähten.

sieht die Sache ganz anders aus. Da die Käfige in der Regel auf dem Boden stehen, stellen Menschen oder andere Haustiere eine ständige Bedrohung dar. Für das Beutetier Kaninchen ist es, als kreise dauernd ein Raubtier über seinem Kopf – eine Situation, die schnell zu Stress führen kann. Es wäre daher wünschenswert, den Käfig auf eine Kommode oder ein Regal zu stellen. Das scheitert jedoch meistens an der Praktikabilität. Die Kaninchen können den erhöht stehenden Käfig meistens nicht allein verlassen und müssen immer hinein und hinaus gehoben werden, um ihnen Freilauf zu gewähren.

Unterschlupf und Abdeckung

Wenn der Käfig auf dem Boden steht, muss er zumindest über ein ausreichend großes Häuschen verfügen, in dem das Kaninchen genügend Platz hat, um sich auszustrecken. Noch besser ist es, den Käfig – zumindest teilweise – mit einer Spanplatte abzudecken, damit die Tiere sich sicherer fühlen. Ein Dach von oben gibt ihm Deckung. Es ist für die Kaninchen beruhigender, wenn Sie die Käfigtür nur von vorn und nicht von oben öffnen.

Zweistöckige Käfige

Vielfach angeboten und auch durchaus preiswert im Zoofachhandel zu erwerben sind zwei- oder mehrstöckige Käfige. Zwei- oder dreistöckige Käfige mit Maßen von 100 x 50 x 50 cm, die aus einer Plastikwanne mit einer Gitterkonstruktion bestehen, sind allenfalls für kleinere Meerschweinchen geeignet, für Kaninchen sind sie viel zu klein. Die Tiere können in einem solchen Käfig nicht einmal einen hal-

Zweistöckiger Außenkäfig, die Größe ist akzeptabel, wenn das Kaninchen Auslauf hat.

ben Hoppelsprung machen und auch die Tatsache, dass sie eine Etage höher klettern können, verbessert die Situation für die Tiere nicht wesentlich.

Mehrstöckige Käfige aus Holz

Andere mehrstöckige Käfige bestehen meist aus einer Holzkonstruktion, in der sich unten eine Art Freilauf befindet, und in der zweiten Etage ein Schlafhäuschen oder andere Käfigeinrichtungen. Leider werden auch diese Käfige teilweise mit einer sehr kleinen Grundfläche angeboten. Sie sehen mit ihrer Holzkonstruktion zwar kaninchenfreundlicher aus, sind im Prinzip aber auch nicht besser als die Plastikbehausungen. Diese Käfige gibt es in Zoogeschäften, über das Internet oder in Baumärkten zu kaufen.

Wichtig ist, dass man auf gute Qualität achtet. Teilweise sind die Holzkonstruktionen instabil und es stehen Metallklammern vor, die sehr gern verspeist werden und zu fatalen Problemen im Verdauungstrakt führen können. Außerdem sollte das Holz möglichst unbehandelt sein, was bei den billigeren Käfigen meist nicht der Fall ist. Die Hölzer riechen intensiv nach Chemie. Von diesen Käfigen sollte man die Finger lassen, da die Gase für Kaninchen gefährlich und gesundheitsschädlich sind.

Designerkäfige

Im Internet sind viele Firmen zu finden, die Designerkäfige anbieten. Man kann hier Käfige nach seinen eigenen Wünschen vorfertigen lassen und sie dann zu Hause mehr oder weniger leicht zusammenbauen. Diese Käfige sind zum Teil sehr hochwertig und gut verarbeitet, aber nicht alles, was dort für teures Geld angeboten wird, macht Sinn. Es gibt z.B. Käfige, die mit Plastikscheiben abgedeckt sind oder die eine Plastikvorderfront haben, damit man die Kaninchen besser beobachten kann.

Checkliste

Augen auf beim Käfigkauf

Achten Sie auf:
- Genügend große Grundfläche und Höhe, also mindestens 150 x 80 x 80 cm, lieber mehr
- Stabile Konstruktion
- Bei Gitterkäfigen: Gitter unbeschichtet, nicht mit Plastik ummantelt, und ausreichend dick
- Holzkonstruktion stabil, Spanplatten reichen nicht aus
- Holz unbehandelt, die Kaninchen werden daran nagen
- Bunte Farben oder Verzierungen sind tabu.

Diese Kunststoffscheiben verkratzen leider sehr schnell, sehen nach kurzer Zeit unschön aus und lassen die Luft nicht zirkulieren. Wenn der Käfig zudem auch noch mit einer Platte abgedeckt wird, grillen die armen Kaninchen im Sommer leise vor sich hin und erleiden einen qualvollen Hitzschlag.

Aber nicht alles, was aus dem Internet kommt, ist schlecht. Es sind durchaus auch viele gute Käfigkonstruktionen zu kaufen, die jedoch leider alle ihren Preis haben.

Geräumiger Käfig zur ganzjährigen Außenhaltung für zwei Kaninchen.

Selbst gebaute Käfige

In vielen Fällen sehen selbst gebastelte Konstruktionen zwar nicht ganz so schön aus wie die Designermodelle, erfüllen aber ihren Zweck. Natürlich ist nicht jeder Kaninchenbesitzer ein begeisterter Handwerker, aber schon mit ein wenig handwerklichem Geschick lassen sich manche Käfige relativ leicht herstellen.

Regalkäfig

Man benötigt dazu ein einfaches Regal aus unbehandeltem Holz eines namenhaften schwedischen Möbelhauses. Solche Regale – meistens aus Kiefern- oder Lärchenholz – gibt es jedoch auch in Baumärkten zu kaufen. Sie sind meistens als Kellerregal gedacht und sind in verschiedenen Tiefen erhältlich. Am besten benutzt man das tiefste Regal, um eine möglichst große Grundfläche zu erhalten. Dafür muss das Regal nicht unbedingt zwei Meter hoch sein. Die Regalbretter kann man nach den eigenen Wünschen anbringen und in unterschiedlichen Höhen einbauen. Überzählige Regalbretter können mit langen Schrauben als Hinterwände angebracht und die Regale

auf die passende Größe abgesägt werden. Als Vorder- und Seitenfront eignet sich stabiler Maschendraht. Auch hier gilt wieder: Der als Hasendraht oder Hühnerdraht erhältliche biegsame weiche Draht ist nicht fest genug und wird von den Kaninchen verbogen oder auch durchbissen. Die Drahtstärke des Maschendrahtes sollte daher mindestens einen Millimeter betragen und die Löcher viereckig sein. Dieser Draht ist am stabilsten und hält den Zähnen der Kaninchen stand. Ein so gefertigter Regalkäfig sieht vielleicht nicht unbedingt chic aus, erfüllt seinen Zweck jedoch gut.

Einstreu oder nicht

Die Holzregalbretter müssen nicht unbedingt mit Einstreu ausgelegt werden. Die Kaninchen können gut auf den Brettern laufen, wenn sie nicht glatt geschliffen sind. Ansonsten gibt es Hanfmatten, Maisfasermatten, Strohmatten u. Ä. in Hülle und Fülle zu kaufen, die auch zurechtgeschnitten werden und als Unterlage benutzt werden können. Der Vorteil gegenüber der Einstreu ist, dass sie nicht krümeln oder stauben und auch von den Kaninchen angefressen werden können, ohne Verdauungsprobleme zu verursachen. Als Unterlage für

So soll es sein: ein geräumiges mehrstöckiges Kaninchengehege, sozusagen ein Wohlfühlparadies!

Einstreu oder nicht? Das entscheiden oft die Kaninchen. Gefällt es ihnen nicht, wird alles weggescharrt.

größere Käfige kann man sich mit Korkplatten oder Hanffaserteppichen und Grasmatten behelfen. Vielfach werden die Käfige auch mit Teppichresten ausgelegt. Darauf finden Kaninchen zwar guten Halt, aber generell ist davon abzuraten. Denn Kaninchen fressen Teppiche gern an und die Teppichfasern sind unverdaulich und können aufgrund ihrer Faserstruktur und ihres Gummianteils zu schweren Verdauungsstörungen und unverdaulichen Klumpen im Magen führen. Bei manchen Tieren führt das sogar zum Tode. Auf jeden Fall sollten die Tiere ein oder besser zwei Toilettenplätze erhalten. Dazu kann man herkömmliche Katzentoiletten, Plastikwannen oder Nagertoiletten benutzen und mit Einstreu befüllen.

Baupläne

Bauanleitungen für Kaninchengehege sind zahlreich im Internet zu finden. Dort sind Bauanleitungen zum Download als PDF-Dateien kostenlos von verschiedenen Websites abrufbar (siehe Linkliste). Außerdem gibt es auch Bücher und DVDs zu diesem Thema. Diese Anleitungen sind teilweise sehr detailliert. Bei der Umsetzung kommt man mit den üblichen

Heimwerkerutensilien aus, ohne dass man sich besonderes Werkzeug dafür zulegen muss. Im Übrigen sind der Fantasie keine Grenzen gesetzt und es lassen sich vielfältige Materialien miteinander kombinieren. Jedoch sollte man bei allen Materialien, die Verwendung finden, bedenken, ob sie auch für Kaninchenmägen geeignet sind. Denn die kleinen Hoppler lieben es, alles zu untersuchen und es ist immer wieder erstaunlich, was sie alles zernagen. Einfache leichte Konstruktionen lassen sich mit einfachen Verschlüssen beliebig vergrößern und anbauen, ebenso wie lagern und stapeln.

Abgetrenntes Zimmergehege, sozusagen ein Bungalow für Kaninchen.

Gehege

Kaninchengehege können auf dem Balkon oder im Garten gebaut werden. Natürlich kann man auch ein Zimmergehege bauen und dieses dann jeweils mit einem Käfig kombinieren oder nur einzelne Einrichtungsgegenstände im Gehege unterbringen. Der Fantasie sind keine Grenzen gesetzt. Teilweise wird der Gehegebau schon weiter vorn bei Balkon- und Außenhaltung besprochen – vor allem was Gitter, Umzäunungen und Untergrund angeht. Deshalb soll an dieser Stelle nicht weiter darauf eingegangen werden. Auch wenn der Platz nur für einen kleinen Schlafkäfig ausreicht, sollte genügend kaninchensichere Freilauffläche für die Mümmler eingeplant werden.

Vorgefertigte Gehege

Vorgefertigte Gehege werden in Hülle und Fülle angeboten. Von relativ kleinen Ausläufen mit einer Fläche von einem Quadratmeter bis zu Riesenausläufen mit Anbaumöglichkeiten – für jeden Geschmack und Geldbeutel ist etwas Passendes dabei.

Holzgehege
Diese Gehege bestehen oft aus Holzrahmen, die mit Draht bespannt sind, und in verschiedenen Höhen und Grundflächen angeboten werden. Diese Gehege haben entweder eine Drahtabdeckung gegen Feinde aus der Luft oder werden mit einem Netz oder einem Sonnenschutzgewebe geliefert. Der Nachteil der Netze ist zwar die mangelnde Stabilität, sie haben jedoch den Vorteil, dass sie lichtdurchlässig, leicht und gleichzeitig schützend für die Kaninchen sind. Die Holzgehege lassen sich zusammenklappen, nehmen aber wegen des Holzrahmens mehr Platz in Anspruch als Gittergehege. Die Holzrahmengehege sind natürlich nicht so witterungsbeständig wie die Gehege mit Metallrahmen.

Gittergehege

Gittergehege gibt es ebenfalls in verschiedenen Ausführungen und Größen, teilweise sogar mit einem Spitzdach, sodass die Kaninchen wirklich rundherum geschützt sind. Diese Gehege sind relativ preisgünstig zu bekommen und schonen den Geldbeutel, wobei sie ihren Zweck – dem Kaninchen Auslauf zu ermöglichen – gut erfüllen.

Diese Gehege lassen sich mit vielem sinnvollen Zubehör ergänzen. So gibt es beispielsweise Gehege, die um einen Schlafbereich erweitert werden können.

Welpengitter

Steckelemente aus verzinktem Draht, die relativ stabil sind, lassen sich auch ohne Probleme als Kaninchengehege umfunktionieren. Sie sind als sogenannte Welpengitter im Handel erhältlich und lassen sich durch Zukauf weiterer Elemente leicht vergrößern. Die Welpengitter gibt es in verschiedenen Höhen und Stärken – je nachdem, ob sich darin kleine oder große Hunderassen aufhalten sollen.

Der Abstand der einzelnen Gitterstäbe variiert ebenfalls. Für Kaninchen sind daher Gitter für kleinere Hunderassen geeignet. Der Vorteil ist, dass man sie platzsparend zusammenklappen und jederzeit erweitern kann. Zusammenklappen kann man die Drahtgehege für Kaninchen meistens auch, jedoch nicht immer erweitern. Welpengitter sind nicht mit Abdeckungen erhältlich, man kann sie jedoch mit Netzen abdecken oder Sonnenschutzsegel aus Segeltuch darüber befestigen. Die Sonnenschutzsegel gibt es oft als Reststoffe in Raumausstattungsgeschäften oder in Baumärkten.

Selbstbau-Gehege

Selbst gebaute Gehege können mit Käfigen kombiniert werden oder als Komplettgehege mit Dach für drinnen und draußen zusammengestellt werden. Im Anhang finden Sie viele Links für selbst gebaute Gehege, die einfach oder kompliziert nachzubauen sind, je nach Geschmack und Geldbeutel. Die weniger geschickten Bastler finden preisgünstig gebrauchte Ställe im Internet.

Das Pyramidengehege wurde auf Gras gebaut und bietet den Kaninchen mehrere Wohnebenen.

Dieses Freigehege ist mit Rasengittersteinen ausgelegt und bietet viel Abwechslung.

Untergrund von Balkon- und Zimmergehegen

Die Wahl des besten Gehegebodens von Gartengehegen ist auf Seite 82/83 besprochen, ganz anders sieht es allerdings bei Balkon- oder Zimmergehegen aus. Rutschiger, leicht zu reinigender Untergrund, wie er auf Balkonen oder in Zimmern zu finden ist, ist nicht nach dem Geschmack der Kaninchen. Dieser Untergrund besteht entweder aus Keramikfliesen, glattem Beton, Laminat oder Parkett. Die Materialien sind zwar praktisch und hygienisch, doch Kaninchen mögen sie gar nicht. Sie können auf diesen Böden nicht richtig laufen, finden keinen Halt mit ihren Krallen und können sich verletzen, wenn sie bei dem Versuch, schneller zu hoppeln, wegrutschen. Ein Gehege mit glattem Untergrund wird von den Kaninchen oft kaum genutzt, obwohl genügend Platz vorhanden wäre. Deshalb sollte der Boden kaninchenfreundlicher gestaltet werden. Hierzu eignen sich am besten Naturfaserteppiche oder -matten. Es gibt sie als große Kokosfaserteppiche in Baumärkten oder Möbelhäusern zu kaufen. Sie bestehen aus viereckigen Platten, die man leicht auf die gewünschte Größe zurechtschneiden kann. Die Teppiche sind kostengünstig, krümeln nicht übermäßig und sind für die Kaninchen gut verträglich. Wem diese Lösung nicht gefällt, kann die Gehege auch mit Korkplatten, die es in Baumärkten zum Selbstverlegen gibt, ausstatten. Damit die Korkplatten nicht rutschen, kann man sie auf der Rückseite mit doppelseitigem Klebeband am Untergrund befestigen. Das gilt natürlich auch für die Kokosfaserteppiche. Ebenfalls gern genommen werden Flickenteppiche aus Baumwolle. Sie sind günstig, man kann sie ab und zu in die Waschmaschine stopfen und wenn die Kaninchen den Teppich zu sehr zerlegt haben, kann man ihn leicht wieder durch ein neues Exemplar ersetzen.

Flickenteppiche haben sich in der Wohnung bewährt. Sie bieten Halt und lassen sich waschen.

Schlafhäuschen

Schlafhäuschen gibt es von verschiedenen Herstellern in unterschiedlichen Größen und Ausführungen. Die Größe des Schlafhäuschens ist von der Größe des Kaninchens abhängig. Ein Farbenzwerg passt sogar noch in ein Meerschweinchenhäuschen, ein Deutscher Riese bekommt dort nicht mal eine Pfote hinein. Wenn die Kaninchen jung sind und die Erstausstattung gekauft wird, sollten Sie bedenken, dass die Tiere noch erheblich wachsen können, je nachdem, um welche Rasse es sich handelt. Die Häuschengröße muss so bemessen sein, dass sich das Kaninchen bequem darin ausstrecken kann. Bei mehreren Kaninchen ist es sicher besser, wenn jedes Kaninchen sein eigenes Häuschen als Rückzugsmöglichkeit hat.

Grundsätzlich sind Häuschen mit einem flachen Dach am beliebtesten. Kaninchen sitzen oder ruhen gern auf erhöhten Flächen und klettern bevorzugt auf die Dächer ihrer Häuschen. Ein Schlafhäuschen ist ein Einrichtungsgegenstand auf den keinesfalls verzichtet werden sollte.

Material

Am besten eignen sich Holz- oder Pressspanplatten. Man muss jedoch berücksichtigen, dass die Hölzer unbehandelt sein sollten. Viele Häuschen werden in Fernost hergestellt und sind mit Schädlingsbekämpfungsmitteln getränkt. Diese Häuschen haben einen strengen Geruch. Man sollte also lieber ein teureres Häuschen aus unbehandeltem Holz kaufen oder selbst zum Werkzeug greifen. Es gibt Eckhäuser mit Rampe, viereckige oder zweistöckige Häuschen, welche mit geradem oder mit gewelltem Dach. In den meisten Fällen sind sie im Handel aus unbehandeltem Holz ohne Metallnägel und -klammern erhältlich. Dies ist wichtig, denn Kaninchen untersuchen ihre Umgebung mit den Zähnen und knabbern gern ihr Häuschen an. Deshalb ist auch von Plastikhäuschen abzuraten. Außerdem kann die Luft in den Kunststoffhäuschen nicht zirkulieren, daher heizen sie sich im Sommer auf und werden heiß und stickig.

Da die Häuschen häufig zernagt werden, eignen sich auch Häuser aus Pappe oder Pressspanplatten. Pressspanplatten sind jedoch meistens beschichtet und verleimt, also für

Kaninchen nicht sonderlich gesund. Papphäuschen gibt es in verschiedenen Größen, sie lassen sich jedoch auch mit einer starken Schere oder einem Teppichmesser aus einem Karton gut selbst bauen. Die Papphäuschen haben allerdings den Nachteil, dass sie sich mit Flüssigkeiten vollsaugen und eher instabil werden. Viele Kaninchen lieben es, ihren Käfig „aufzuräumen" und schieben die Häuschen dauernd durch den Käfig oder stellen das Papphäuschen auf den Kopf, um sich anschließend hineinzusetzen. Als verständnisvoller Halter sollten wir akzeptieren, dass Kaninchen andere Vorstellung von der Inneneinrichtung haben, als wir.

Alternativen zum Häuschen

Für die Kaninchen ist es wichtig, ein Dach über dem Kopf zu haben. Dabei ist es unbedeutend, ob es sich tatsächlich um ein richtiges Haus handelt. Viele Kaninchen mögen durchaus auch umgestürzte Tonblumentöpfe mit einem ausreichend großen Loch, Weidetunnel oder Weidezelte. Dies sind Dächer oder Röhren aus Weidengeflecht, die einen ausreichenden Schutz bieten, aus natürlichen Materialien hergestellt sind und auch ohne Probleme benagt und gefressen werden können.

Es eignen sich aber auch Häuschen aus Betonröhren oder Elementen, die im Gartenbau verwendet werden. Der Vorteil dieser Elemente ist, dass sie relativ schwer sind und nicht hin und her geschoben werden können. Allerdings nehmen sie auch viel Platz in Anspruch, der nicht immer vorhanden ist. Große Korkrindentunnel, ausgehöhlte Baumstämme oder Holzstücke sind ebenfalls gut geeignet. Sie werden oft als Terrarienzubehör verkauft, können aber auch Kaninchen Freude machen.

Häuser Marke Eigenbau

Kartons kann man sich in verschiedenen Größen und Formen bei vielen Geschäften besorgen. Man kann verschieden große Löcher in die Kartons schneiden und sie bei Bedarf auswechseln. Beim Kartonselbstbau sollten Sie allerdings darauf achten, dass die Kartons nicht mit Metallklammern verschlossen sind, denn sonst besteht Verletzungsgefahr. Kartons, die mit Klebeband zusammengehalten werden, sind ebenfalls nicht so gut geeignet, da die Klebebänder nicht sehr bekömmlich sind.

Wer über etwas mehr Platz verfügt, vor allem bei Kaninchen in Freilandhaltung, kann ein Häuschen problemlos aus einer Wein- oder Obstkiste bauen. Die Kiste wird einfach

Platz ist in der kleinsten Hütte, auch wenn man sich manchmal ein bisschen hineinquetschen muss.

Ein Katzenspieltunnel eignet sich ausgezeichnet für ein Nickerchen – auch mit Bommel vor der Nase.

auf die Seite gelegt und mit Einstreu, Stroh oder Heu ausgepolstert. Da diese Konstruktion oft etwas instabil ist und leicht kippen kann, sollte man sie an die Wand oder an einen Baum schrauben, um ihr etwas mehr Standhaftigkeit zu verleihen.

Katzenkratzbäume und -transportkörbe

Alte Katzenkratzbäume eignen sich auch prima als Kaninchenhäuschen. Die Kratzbäume haben meist ein Holzhäuschen als Unterkonstruktion, das mit Hanffasern bezogen ist. Darüber befindet sich dann in der ersten Etage oft ein kleines Podest. In größeren Gehegeanlagen kann man das Unterteil des Katzenkratzbaums gut als Kaninchenhäuschen verwenden.

Ausrangierte Katzentransportkörbe aus Weidengeflecht eignen sich ebenfalls gut als Häuschen. Die Körbe werden an der Frontseite mit einem Gitter verschlossen, das man

entfernen kann und schon ist das Kaninchenhäuschen fertig. Außerdem kann man die Häuschen, wenn sie nicht allzu ramponiert sind, gleichzeitig als Transportkorb verwenden.

Toiletten

Im Handel werden Nager- oder Kaninchentoiletten in verschiedenen Ausführungen angeboten. Für Menschen sind die kleinen Ecktoiletten aus Plastik, die in der Käfigecke am Gitter angebracht werden können, am praktischsten. Die meisten Kaninchen finden diese Toiletten jedoch nicht besonders verlockend und nutzen sie deshalb ungern. Meistens sind sie zu klein und bieten nicht genügend Platz, um ihre Hinterlassenschaften zu deponieren. Außerdem sind sie nicht besonders stabil, wackeln und werden auch gern angefressen. Mehr Platz haben die Langohren in Katzen-

Gutes Heu ist das „täglich Brot" der Kaninchen und darf unbegrenzt gemümmelt werden.

toiletten, die außerdem einen höheren Rand haben. Durch den Rand verteilen die Kaninchen nicht gleich die ganze Streu, wenn sie darin scharren. Diese Toiletten gibt es als Plastikwannen mit Einstieg, d.h. der Rand hat eine Aussparung, die es den Kaninchen erleichtern soll, in die Toiletten zu gelangen. Für die meisten Kaninchen stellt es jedoch kein Problem dar, über den niedrigen Toilettenrand zu hüpfen. Ebenfalls gut geeignet sind Katzentoiletten mit einem nach innen abgeschrägten Rand, der auch das Verteilen der Streu verhindern soll. Das Gleiche kann man auch mit kleineren Wäschewannen aus Plastik erreichen. Obwohl der Rand sehr hoch erscheint, gelangen die Kaninchen ohne Problem hinein und hinaus. Euronormkisten aus Plastik oder Holzkisten aus dem Baumarkt, die zur Aufbewahrung von Kleinteilen dienen, eignen sich ebenso als Kaninchentoilette. Viele Kaninchen haben ausgesprochene Vorlieben für eine bestimmte Toilettensorte und sind schwer davon zu überzeugen, eine andere zu verwenden. Manchmal dauert es etwas, bis man den Geschmack seiner Kaninchen getroffen hat. Bei ganzjähriger Außenhaltung kann man auf eine Toilette sogar ganz verzichten, die Kaninchen richten sich ihre eigenen Toilettenplätze ein.

Mehr zum Thema Toilette finden sie am Anfang dieses Kapitels unter Wohnungshaltung (Seite 73 f.).

Heuraufe

Ja oder nein? Die Antwort lautet jein. Heuraufen sind praktisch und hygienisch, aber nicht ganz ungefährlich. Sie eignen sich gut, um das Heu im Käfig etwas erhöht aufzuhängen und zu verhindern, dass die Kaninchen das ganze Heu im Käfig verteilen. Da Kaninchen jedoch gern klettern, benutzen viele die Heuraufe als kuscheligen Ruheplatz und können dann mit den Läufen in den Gittern hängen bleiben.

Auf diese Weise sind schon viele Gliedmaßenfrakturen entstanden. Nichtsdestotrotz sind Heuraufen nicht völlig unangebracht. Letztlich muss jeder selbst entscheiden, ob er das Heu in der Heuraufe aufbewahren möchte. Außerdem eignet sie sich auch nicht für jede Haltungsform.

Alternativen

Bei Gehegehaltung kann man Metallobstkörbe mit einem stabilen Boden und Metallgitterstäben als Heuaufe umfunktionieren. Diese Obstkörbe kippen nicht so leicht um, sind gut zu reinigen und lassen sich auch gut in der Mitte eines Geheges aufstellen. Alternativ zu den Metallheuraufen zum Aufhängen gibt es auch kleine Weidenkörbchen mit Löchern, die man am Käfig befestigen und mit Heu füllen kann. Hier ist die Verletzungsgefahr nicht so groß wie bei den Metallheuraufen.

Futternäpfe

Steingutfutternäpfe sind die besten und bewährtesten Kaninchennäpfe und werden in vielen verschiedenen Designs und Größen angeboten. Die Frage ist nur, ob ein hübsch bemalter Napf oder ein Napf mit farbiger Glasur für die Kaninchen interessant ist – zumal sie Farben sowieso schlecht erkennen können – oder ob die bunten Näpfe nicht eher für Zweibeiner gedacht sind. Am besten sind relativ schwere einfache Ton- oder Keramiknäpfe, die sich leicht reinigen lassen und aufgrund ihres Gewichtes nicht so leicht hin und her geschoben werden können. Diese Näpfe sind hygienisch, praktisch und für ein paar Euro erhältlich. Sie werden in verschiedenen Größen als Nager-Futternäpfe angeboten. Als große Futternäpfe bei Gruppenhaltung mehrerer Kaninchen können auch Ton-Nistschalen für Tauben zweckentfremdet werden. Sie sind unglasiert, haben einen gewölbten Rand und sind durch ihr hohes Eigengewicht standsicher und kippen nicht so leicht um. Anstatt der Fertignäpfe tun es aber auch Blumenuntersetzer aus Ton, die eine wasserfeste Glasur haben. Sie sind noch preiswerter und erfüllen auch ihren Zweck.

Näpfe zum Anknabbern

Wer es besonders naturnah mag, kauft sich Näpfe aus ausgehöhltem Birkenholz. Das Tolle daran ist, dass der Napf mitgegessen werden kann. Allerdings sind die Birkenstämme mit einem Durchmesser von ca. 10 cm relativ groß.

Näpfe aus Plastik oder Edelstahl sind eher ungeeignet. Die Plastiknäpfe rutschen aufgrund ihres geringen Gewichts und werden angefressen. Bei den Metallnäpfen verhält es sich ähnlich: Auch sie rutschen. Sie werden zwar nicht angefressen, dafür klappern sie und die metallischen Geräusche finden Kaninchen eher unangenehm. Weiteres Zubehör zum Spielen und Spaßhaben finden Sie unter Beschäftigung in Kapitel 5.

Keramiknäpfe haben sich bewährt: Sie sind standfest und lassen sich gut reinigen.

Ernährung und Pflege

Kaninchen sitzen im Käfig und fressen Gras? So einfach ist es leider nicht. Kaninchen haben ein kompliziertes Verdauungssystem, lassen sich dennoch recht leicht ernähren und halten. Damit wir nachvollziehen können, was gut und was weniger bekömmlich für die Langohren ist, wird im folgenden Kapitel auf die Ernährungsbedürfnisse von Kaninchen eingegangen. Das Thema Wellness kommt im Abschnitt Pflege auch nicht zu kurz.

Der Verdauungstrakt

Der Magen-Darm-Trakt eines Kaninchens macht bis zu 20 % des Körpergewichts aus. Insofern besteht fast ¼ des Kaninchens aus dem Verdauungstrakt. Im Gegensatz zu anderen Pflanzenfressern wird der Futterbrei sehr schnell durch das Verdauungssystem geschleust. Zum Vergleich: Bei Kaninchen dauert die Magen-Darm-Passage des Futters 17 Stunden, bei Kühen 68 Stunden. Deshalb müssen Kaninchen nicht so viel Futter in ihrem Bauch herumschleppen, sie bleiben kleiner und leichter und können als Beutetiere

schneller rennen. Der Kaninchenmagen ist dünnwandig, nicht besonders dehnbar und funktioniert wie eine Einbahnstraße. Kaninchen können, genau wie Pferde, nicht erbrechen und alles, was einmal im Magen ist, kann nur zum After wieder ausgeschieden werden. Der pH-Wert im Magen eines erwachsenen Kaninchens ist mit ein bis zwei sehr niedrig. Auf diese Weise wird im Magen auch alles gleich „desinfiziert", da die Magensäure viele Keime abtötet. Der Dünndarm ist ungefähr 3 Meter lang. Die Anzahl der ausgeschiedenen Kotballen hängt mit der Häufigkeit der Nahrungsaufnahme zusammen. In freier Natur nehmen Kaninchen bis zu 120 kleine Snacks pro Tag zu sich, d.h. sie fressen fast den ganzen Tag. Ein ca. 2 kg schweres Kaninchen scheidet deshalb bis zu 150 Kotkügelchen pro Tag aus. Das ist ein ganzer Haufen Mist, der jeden Tag produziert wird.

Mechanische Verdauung
Der Kaninchendarm hat relativ wenig Muskelfasern, deshalb funktioniert die Verdauung beim Kaninchen fast mechanisch, also nur, wenn von oben etwas hineinkommt, wird der

Futterbrei weitergeschoben und dann kann auch Kot ausgeschieden werden. Ein hoher Fasergehalt gewährleistet den reibungslosen Weitertransport der Nahrung und eine gute Beweglichkeit des Darmes.

Spezielle Darmflora

Die Bakterienflora im Darm der Kaninchen besteht hauptsächlich aus Kokken (kugelförmigen Bakterien) und Laktobazillen, sogenannten Anaerobiern. Das sind Bakterien, die am besten ohne Sauerstoff gedeihen. Colibakterien und Clostridien kommen hin und wieder auch vor, jedoch nur selten und in geringer Zahl. Diese spezielle Bakterienflora ist in der Lage, Zellulose (Pflanzenfasern) zu verdauen. Dabei entstehen freie Fettsäuren, die vom Darm resorbiert werden und dem Körper als Energielieferant zur Verfügung stehen. Die Bakterien arbeiten jedoch nur bei einem deutlich basischen, also hohen pH-Wert. Sinkt der pH-Wert im Darm ab (das passiert schnell bei zucker- und stärkehaltiger Fütterung), sterben die Bakterien, die für die Verdauung wichtig sind, und Colibakterien und Clostridien vermehren sich, was wiederum zu einer gestörten Verdauung, Blähungen und Durchfall führt.

Blinddarmkot fressen

Drei bis acht Stunden nach der Nahrungsaufnahme wird ein besonderer schleimüberzogener weicher Kot, der sogenannte Blinddarmkot, ausgeschieden. Der Blinddarmkot sieht aus wie kleine Weintrauben und ist viel klebriger als die normalen Kotkügelchen (Siehe Bild S. 204). Sobald der Blinddarmkot den After erreicht, leckt das Kaninchen diesen reflexartig ab und schluckt ihn, ohne die Kotkügelchen zu kauen. Der Blinddarmkot verbleibt lang im Magen (sechs bis acht Stunden), bevor er weitertransportiert und erneut verdaut wird. Der Blinddarmkot dient der Versorgung mit B- und K-Vitaminen, aber er liefert auch – und das ist vielen unbekannt – wichtige Aminosäuren und verdauliche Energie. Bis zu 25 % des Tagesbedarfs an Aminosäuren nimmt das Kaninchen durch den Blinddarmkot auf und bis zu 15 % der verdaulichen Energie. Das Ausmaß des Blinddarmkot-Fressens ist abhängig vom Eiweiß- und Energiegehalt der Nahrung. Kaninchen, die eine eiweiß- und energiereiche Nahrung erhalten, fressen weniger Blinddarmkot als solche, deren Nahrung energieärmer ist.

Langfaseriges Gras sorgt für eine gute Verdauung und außerdem schmeckt es lecker.

Nahrungsaufnahme in der Natur

Die Nahrungsaufnahme nimmt einen wichtigen Platz im Kaninchenleben ein. Kaninchen beschäftigen sich in ihren aktiven Stunden – der Morgen- und Abenddämmerung – hauptsächlich mit der Nahrungsaufnahme. Das kennzeichnet alle Pflanzenfresser, die große Nahrungsmengen zu sich nehmen müssen, um aus dem Gras und den Kräutern möglichst viele Inhaltsstoffe zu verwerten. Dabei muss man sich immer vor Augen halten, dass Kaninchen eigentlich in Gebieten beheimatet sind, wo reichhaltiges Futter knapp ist und sie auch mit nährstoffarmen Gras und Kräutern auskommen müssen. Deshalb werden Kaninchen in Menschenobhut oft zu dick, denn das Nahrungsangebot ist reichlich und das Kaninchen bekommt es direkt vor der Nase serviert.

Hoher Faseranteil

In der Natur besteht das Kaninchenfutter, nämlich Gras und Kräuter, zu 20–25 % aus Fasern, zu 15 % aus Eiweiß und zu 3 % aus Fett. Das kommerziell angebotene Kaninchenmüsli oder Pelletfutter hat meistens einen zu geringen Faseranteil und dafür einen zu hohen Anteil an Eiweiß, Fett und Kalorien, d.h. das Futter ist eigentlich zu hochwertig für die Tiere, die normalerweise mit magerem, faserreichem Futter auskommen müssen. Den hohen Faseranteil in der Nahrung brauchen Kaninchen zum einen, um ihre stetig nachwachsenden Zähne abzunutzen, zum anderen stimuliert er auch die Verdauung.

Kaninchen-Fast-Food

Durch das Fertigfutter werden die Ernährungsbedürfnisse der Kaninchen sehr schnell befriedigt, sie kauen nicht mehr genug und essen zu viel, da sie über den Tag oder die Nacht verteilt bis zu 100 kleine Mahlzeiten zu sich nehmen. Durch die hochwertige Fertigkost verweilt der Darminhalt zu lang im Darm, was zu Verdauungsstörungen wie Durchfällen führen kann. Außerdem kann das schnelle Sattmachen zu Verhaltensstörungen führen. Die Tiere beschäftigen sich nicht mehr hauptsächlich mit der Nahrungsaufnahme, da sie satt sind, und fangen an, Teppichfransen, Steine, Linoleum oder ähnlich schwer Verdauliches zu futtern. Außerdem können sie vor lauter Langeweile aggressiv werden. Es ist leider nicht so, dass Kaninchen schmackhaftes, dick machendes Futter nicht zu schätzen wissen. Genau wie viele Kinder lieber Hamburger und Chips anstatt gesundes Gemüse essen, fut-

Grasen bietet eine gute Beschäftigung für Hauskaninchen. Sie können sich in aller Ruhe Gräser und Kräuter heraussuchen, die ihnen schmecken und zwischendurch ein Päuschen einlegen.

tern Kaninchen gern Fertigfutter und fressen dabei häufig die Körneranteile, die am dicksten machen. Diese heiß geliebten „Kaninchenchips" sind nicht nur ungesund, sie enthalten zudem zu wenig Kalzium, was wiederum zu Knochenschäden führen kann.

Das beste Kaninchenfutter ist Gras und Heu. Zusätzlich ein paar Kaninchenpellets, deren Faseranteil ungefähr 15 % betragen sollte.

Knabbern, stopfen, Zickzack-Grasen

Kaninchen grasen auf verschiedene Arten. Zum einen können sie knabbern. Das tun sie nebenher: Während sie die Umgebung beobachten, knabbern sie hier und dort ein Hälmchen. Zwischen den einzelnen Bissen halten sie immer wieder kurz inne und machen vielleicht Männchen, um ihre Umgebung zu beobachten. Zum anderen gibt es das intensive Grasen. Hierbei folgen die Kaninchen regelrechten Pfaden oder Schneisen, die von anderen Kaninchen geruchlich markiert worden sind. Auf diesen Pfaden nehmen sie gierig und relativ wahllos alles zu sich, was ihnen vor die Zähne kommt. Meist sind die Kaninchen sehr hungrig und wollen sich so schnell wie möglich den Bauch vollschlagen, um anschließend wieder in ihren Bau zurückzukehren.

Schließlich gibt es noch das Zick-Zack-Grasen, das wir von unseren Kaninchen kennen. Dabei hoppeln die Tiere gemütlich im Zick-Zack hin und her und suchen die schmackhaftesten Gräser und Kräuter aus. Kaninchen, die in Gefangenschaft leben, tun dies am häufigsten, denn sie sind relativ entspannt, können sich genussvoll der Nahrungsaufnahme widmen und müssen sich nicht so sehr vor Feinden fürchten.

Gräser, Wurzeln und Gemüse

Kaninchen ernähren sich von Gräsern, Pflanzen, Wurzeln, Knospen, aber natürlich auch von Obst und Gemüse. Sie sind reine Vegetarier und richten in der Landwirtschaft ziemlich viel Schaden an, weshalb sie nicht überall gern gesehen werden.

Kaninchen fressen nur sehr wenig Getreide. Sie kommen gar nicht an die Getreidekörner auf den Ähren heran und bekommen nur das ab, was auf den Boden fällt. Da jedoch alle Getreidesorten zu den Süßgräsern gehören und die zu Kaninchens Leibspeise zählen,

Multitasking auf Kaninchenart: Aufpassen und Fressen zur gleichen Zeit.

Da bleibt einem doch glatt der Grashalm im Hals stecken!

fressen sie vor allem die grünen Stängel und hin und wieder auch das Getreide. Kaninchen sind also mäßige Getreidefresser. Vielfach wird behauptet, Kaninchen würden gar kein Getreide fressen. Das trifft so nicht zu, allerdings fressen sie viel weniger Getreide, als ihnen in vielen Futtermischungen angeboten wird. Getreide enthält hauptsächlich Stärke, also Kohlenhydrate, die dazu führen, dass die Kaninchen dick werden und Verdauungsstörungen bekommen.

Das Gras ist das Brot des Kaninchens, das heißt, dass sich Kaninchen hauptsächlich von Gras beziehungsweise Heu ernähren. Eine Wiese mit vielen verschiedenen Grassorten ist dabei natürlich mehr nach Kaninchengeschmack als eine Grasmonokultur eines englischen Rasens.

Wenn man bedenkt, dass ein so großes Tier wie ein Pferd im Sommer allein mit Gras über die Runden kommt und dabei auf einer guten Weide sogar zunimmt, wird leichter verständlich, dass auch Kaninchen ausschließlich von Gras leben können.

Hunger oder Appetit?

Beide Faktoren beeinflussen die Nahrungsaufnahme. Appetit ist ein subjektives Gefühl, das unter anderem von den persönlichen Vorlieben und Erfahrungen des Tieres gesteuert wird. Hunger ist ein physiologischer Zustand des Körpers, der durch verschiedene Faktoren wie Blutzuckerspiegel, Konzentration bestimmter Aminosäuren, Milchsäurekonzentration und Konzentration verschiedener Fettsäuren im Blut gesteuert wird. Außerdem tragen die Magenkontraktionen und die Austrocknung der Maulhöhle dazu bei, dass der Organismus sich hungrig fühlt. Die aufgenommene Futtermenge hängt beim Kaninchen stark von der Textur des Futters ab und natürlich auch von den individuellen Vorlieben. Wird der Faseranteil in der Nahrung erhöht, nimmt das Tier mehr Futter auf. Die Umgebungstemperatur spielt ebenfalls eine wichtige Rolle bei der Nahrungsaufnahme. Kaninchen fühlen sich bei Temperaturen um ca. 17° C am wohlsten und fressen nun am meisten.

Wenn Kaninchen Hunger haben, hauen sie rein. Dabei sind sie nicht sonderlich wählerisch.

Wenn Kaninchen satt sind, naschen sie. Dabei werden nur die leckeren Halme abgenagt.

Also mal hier ein Grashalm und mal dort ein Kraut, der Rest bleibt stehen.

Wenn es wärmer wird, wird die Nahrungsaufnahme reduziert, deshalb ist es normal, dass Kaninchen im Sommer weniger fressen. Im Winter benötigen sie dafür energiereichere Nahrung, wenn sie sich viel bewegen. Wie in der Natur ist die Nahrungsaufnahme der Kaninchen in Menschenobhut in den frühen Morgen- und Abendstunden am intensivsten. Deshalb haben manche Besitzer den Eindruck, ihre Kaninchen würden nur sehr wenig fressen, weil sie ihre Tiere selten bei der Nahrungsaufnahme beobachten können.

Auswahl des Futters

Die Futterauswahl beim Kaninchen orientiert sich sehr stark daran, welches Futter die Mutter während der Trächtigkeit und während der Säugephase erhalten hat. Forscher haben eindeutig nachgewiesen, dass Kaninchen Futtersorten bevorzugen, die sie bereits als Jungtiere kennengelernt haben. Auch für Kaninchen trifft oft das Sprichwort zu: Was Hänschen nicht lernt, lernt Hans nimmermehr. Kaninchen können ziemlich stur sein und es kann große Mühe bereiten, ein Kaninchen davon zu überzeugen, die Futtermarke oder -sorte zu wechseln. Vor allem die Gewöhnung an Heu kann Probleme verursachen, wenn die kleinen Kaninchen fast ausschließlich mit Pelletfutter groß geworden sind.

Unterschiedlicher Energiebedarf

Es gibt viele Untersuchungen, die sich mit dem Ernährungsbedarf von Stallkaninchen beschäftigen, allerdings nur wenige, die den der hoppelnden Heimtiere untersuchen. Grundsätzlich lässt sich sagen, dass Kaninchen, die sich nicht fortpflanzen (wie die meisten Heimtiere), einen niedrigeren Energiegehalt in ihrer Nahrung brauchen als Zuchtkaninchen. Erfahrungsgemäß sind viele als Heimtiere gehaltene Kaninchen übergewichtig. Allerdings beschäftigen sich zunehmend Heimtierhalter mit den Ernährungsbedürfnissen ihrer Mitbewohner. Vor allem bei der Fütterung junger Zwergrassen muss man vorsichtig sein, da besonders bei ihnen die zu faserhaltige, eiweißarme Ernährung zu mangelndem Wachstum und Entwicklungsstörungen führen kann. Kaninchen im Wachstum benötigen ungefähr doppelt so viel Futter wie ausgewachsene Tiere, und trächtige und säugende Häsinnen sogar dreimal so viel. Auch Krankheiten führen zu einem erhöhten Energiebedarf bei gleichzeitig reduzierter Nahrungsaufnahme, ebenso wie Kaninchen in warmer Umgebung weniger Futter brauchen als Tiere in kalter Umgebung. Und schließlich benötigen kastrierte Tiere weniger Energie als unkastrierte – ein Phänomen, das auch bei Hunden und Katzen bekannt ist.

Nahrungsbausteine

Eiweiß

Der Eiweißanteil in der Kaninchennahrung
soll bei ca. 16 % liegen. Bei den Hauskaninchen kann der Eiweißanteil sogar noch etwas darunter liegen, da sie meistens eher zu
Übergewicht neigen.

Eiweiße sind große Moleküle, die aus Aminosäuren aufgebaut sind, und für viele verschiedene Funktionen im Organismus verantwortlich sind, z.B. Immunzellen, Haut, Haare,
Muskeln, Blutfarbstoff, Hormone und vieles
mehr. Bei der Verdauung werden die Eiweiße
im Darm in die einzelnen Aminosäuren zerlegt
und anschließend im Körper wieder zusam-
mengefügt. Besonders eiweißhaltige Nahrungsmittel für Kaninchen sind Nüsse und
Hülsenfrüchte.

Kohlenhydrate

Kohlenhydrate sind eine biologisch große
Stoffklasse. Die wichtigsten Kohlenhydrate
sind Zucker und Stärke. Sie dienen als wichtige Energiequelle. Vor allem in Pflanzen

kommt reichlich Stärke als Reservestoff vor.
Pflanzen speichern Stärke und nicht Glucose
(= Zucker), weil es platzsparender in der Zelle
ist und weil Stärke nicht wasserlöslich ist. Das
Kaninchen verstoffwechselt sie im Magen und
im Dünndarm. Überflüssige Stärke, die der
Körper nicht braucht, wird schnell durch den
Darm geschleust und landet im Blinddarm.
Dort führt sie zu raschem Wachstum von Bakterien und kann zu Verdauungsstörungen
wie Blähungen, Durchfall und Wachstum von
Hefepilzen führen. Dies kann vor allem bei
jungen Kaninchen zu der sogenannten Entero-
toxämie, einer schwerwiegenden Verdauungs-
störung mit Todesfolge, führen.

Faser

Faser ist ein wichtiger Bestandteil der Kaninchennahrung und sollte den Kaninchen immer
reichlich angeboten werden. Für ein erwachsenes Kaninchen wird ein Faseranteil von 20
bis 25 % in der Nahrung empfohlen. Ein hoher
Faseranteil ist nicht nur für die Abnutzung der
Zähne von erheblicher Bedeutung, er ist auch

extrem wichtig für eine gesunde Verdauung. Verglichen mit Kühen können Kaninchen Fasern relativ schlecht verdauen, nichtsdestotrotz ist ein hoher Faseranteil (Heu) der Schlüssel zum gesunden Kaninchenleben. Die Verdaulichkeit der Fasern beim Kaninchen liegt bei ungefähr 14 %, während sie bei Kühen mit 44 % und bei Pferden mit 41 % deutlich höher ist. Doch gerade die nicht verdaulichen Anteile sorgen für eine gute Beweglichkeit des Darmes, denn durch diese Ballaststoffe wird der Futterbrei im Darm vorwärts geschoben und die Verweildauer begrenzt.

Frischfutter – ein Muss

Aber Faser ist nicht gleich Faser. Kurze, klein geschnittene Fasern, wie sie in vielen Fertigprodukten oder Pellets enthalten sind, sind weniger hilfreich als Fasern, die sich – wie im Heu – sozusagen im Urzustand befinden. Bei den Fasern kommt es nämlich in erster Linie auf die Partikelgröße an. Je feiner die Fasern zerkleinert sind (und das sind sie in Fertigprodukten), desto länger verweilen sie im Darm und führen zu Bakterien- und Hefepilzwachstum und somit zu Verdauungsstörungen. Deshalb sind Gras, Heu und Gemüse, die zwar zerkaut, aber in größeren Partikeln in den Darm gelangen, für ein Kaninchen lebenswichtig und keinesfalls durch Pellet- oder Fertigfuttermittel zu ersetzen. Außerdem regt ein hoher Faseranteil in der Nahrung den Appetit beim Kaninchen an. Ein niedriger Faseranteil verringert auch die Aufnahme des Blinddarmkots und deshalb kann gehaltvolles Futter, so absurd es auch klingt, tatsächlich zu Aminosäuremangelerscheinungen führen. Aber nicht nur für die Verdauung sondern auch für den Abrieb der Backenzähne ist ein ausreichender Anteil an langen Fasern enorm wichtig.

Verstreute Leckerbissen machen den Rasen zum Schlemmerparadies.

Fett

Der Körper benötigt Fette als Energielieferant, als Lösungsmittel für fettlösliche Vitamine, als Bestandteil der Zellwände und zur Kälteisolation. Fett ist neben den Kohlenhydraten der wichtigste Energielieferant für den Körper. Kaninchen können, wie alle Säugetiere, bei einem Fettüberschuss in ihrem Körper Depotfette bilden.

Fett ist in Pflanzen ausreichend vorhanden, denn die Kaninchen benötigen nur 2,5 % Fett in ihrer Nahrung. Im Fertigfutter ist ein Fettgehalt von 2 bis 4 % ausreichend.

Ein Maiskolben kann eine zuckerhaltige Knabberstange locker ersetzen und enthält viel Vitamin A.

Vitamine

Vitamin A

Vitamin A oder Beta-Karotine sind in frischen Grünpflanzen reichlich vorhanden, gehen jedoch durch den Trockenvorgang (z.B. beim Heu) weitgehend verloren. Kaninchen, die frisches Gras oder frische Pflanzen bekommen, werden nur selten an einem Mangel leiden. Anders sieht es bei Kaninchen aus, die nur mit Fertignahrung ernährt werden. Getreide – leider ein häufiger Bestandteil im Fertigfutter – enthält sehr wenig Vitamin A. Als einziges Getreide dient Mais als gute Vitamin-A-Quelle. Der Tagesbedarf für ein ausgewachsenes Kaninchen wird mit ungefähr 10 000 IU/Kg Körpergewicht angegeben. Vitamin-A-Mangelerscheinungen gehen oft mit Durchfällen und Missbildungen von Neugeborenen einher.

Vitamin-B-Komplex

Die Versorgung mit Vitaminen der B-Gruppe ist beim Kaninchen durch das Fressen des Blinddarmkotes kein Problem. Eine Unterversorgung kann bei stark übergewichtigen Tieren entstehen, die den Blinddarmkot nicht mehr aufnehmen können. Die Menge des gefressenen Blinddarmkotes und damit die Aufnahme von B Vitaminen richtet sich nach dem Nahrungsangebot. Bei hohem Energie- und Proteingehalt wird weniger Blinddammkot gefressen, als bei magerer Kost.

Vitamin C

Kaninchen können, wie die meisten Säugetiere, Vitamin C selbst synthetisieren (der Mensch, der Affe und das Meerschweinchen können das nicht). Allerdings wurde gezeigt, dass bei Hitze der Vitamin-C-Bedarf der Kaninchen erhöht ist.

Vitamin D

Vitamin D wird von den meisten Tieren zur Resorption von Kalzium benötigt. Das Kaninchen kann Kalzium auch ohne Vitamin D resorbieren (aus dem Darm aufnehmen). Obwohl Vitamin D bei Kaninchen nicht ganz so wichtig ist, sollte die tägliche Vitamin-D-Aufnahme trotzdem bei 1 000 IU/kg liegen. Eine chronische Unterversorgung mit Vitamin D kann zu Osteomalazie (Knochenerweichung) und Hypophosphatämie (Phosphor-Unterversorgung) führen. Die UV-Strahlung fördert die Vitamin-D-Synthese im Körper, deshalb tut den Kaninchen die frische Luft und Sonne gut.

Vitamin E

Vitamin E ist das Fruchtbarkeitsvitamin und ist für die Fortpflanzung notwendig. Es kommt vor allem in pflanzlichen Ölen vor. Besonders reich an Vitamin E sind Himbeeren, Schwarzwurzel, Sonnenblumenöl und Weizenkeimöl. Deshalb sollte man einen gewissen Getreideanteil im Kaninchenfutter beibehalten, um Vitamin-E-Mangelerscheinungen zu vermeiden.

Vitamin K

Die sogenannten Ceacotrophen – also der Blinddarmkot – enthalten einen hohen Vitamin-K-Anteil. Deswegen ist ein Vitamin-K-Mangel beim Kaninchen sehr unwahrscheinlich. Allerdings kann er vorkommen, wenn ein Tier so übergewichtig ist, dass es den Blinddarmkot nicht mehr aufnehmen kann.

Mineralien

Kalzium

Der Kalziumstoffwechsel beim Kaninchen unterscheidet sich deutlich von dem anderer Tiere. Kalzium wird immer aus dem Darm aufgenommen, wenn es vorhanden ist, und die Kaninchen scheiden es massiv als Kalziumkarbonat über die Nieren im Urin aus. Deshalb sind die Blutkalziumspiegel bei Kaninchen sehr unterschiedlich und hängen stark vom Kalziumangebot in der Nahrung ab. Die meisten Pflanzen, vor allem auch Gras und Heu, enthalten ausreichend Kalzium. Bei selektiven Fressern, also Kaninchen, die sich hauptsächlich von Körnern und Gemüsemischungen ernähren, wie sie manchmal als Fertigfutter angeboten werden, kann es trotz der einfachen Kalziumresorption im Dam zu einem Kalziummmangel kommen. Ein Kalziumüberangebot (siehe Mineralleckstein) führt oft zur Bildung von Harngries oder Blasensteinen.

Phosphor

Der Kalzium- und der Phosphor-Stoffwechsel sind voneinander abhängig. Ein Verhältnis von Kalzium zu Phosphor von 1:1 bis 1:2 wird empfohlen, dabei sind Kaninchen auch unempfindlich gegenüber anderen Kalzium-Phosphor-Verhältnissen. Die Verfügbarkeit des Phosphors in der Nahrung ist stark vom Phyitinsäuregehalt abhängig. Bei den meisten Pflanzenfressern kann das Phosphor in der Phyitinsäure nicht genutzt werden, da sie es nicht verdauen können, bei Kaninchen funktioniert das jedoch gut.

Magnesium

Magnesium ist ein Hauptbestandteil der Knochen und wird als Coenzym bei vielen Stoffwechselvorgängen benötigt. Über den Magnesiumstoffwechsel beim Kaninchen ist bisher wenig bekannt.

Zink

Da Zink hauptsächlich in Hafer, Weizen und Mais vorkommt benötigen Kaninchen einen geringen Getreideanteil in ihrer Nahrung, um ihren Zinkbedarf zu decken.

Andere Mineralien

Über den Stoffwechsel der anderen Mineralien wie Natrium, Kalium, Chlorid, Mangan etc. gibt es bis heute wenig Erkenntnisse beim Kaninchen.

Süße Erdbeeren dienen als leckerer Snack zwischendurch und werden gern gefressen.

Gesunde Ernährung

Gras

Am besten wäre es, die Kaninchen im Sommer auf die Wiese zu setzen und sie 24 Stunden lang frei grasen zu lassen. Das ist in den meisten Haushalten jedoch nicht praktikabel und ein gepflegter englischer Rasen oder ein sogenannter Sportrasen, wie viele ihn im Garten haben, bietet auch nicht die Artenvielfalt an Kräutern und Gräsern wie eine wilde Wiese. Gras hat viele Vorteile. Durch einen hohen Silikat- und Mineralanteil bewirkt es beim Kauen einen guten Zahnabrieb, was Zahnproblemen vorbeugt. Die langen Fasern müssen intensiv gekaut werden und gelangen als grobe Partikel in den Darm, was wiederum die Verdauung fördert. Gras enthält je nach Sorte normalerweise ca. 15–19 % Eiweiß. Der Fasergehalt steigt umgekehrt proportional zum Eiweißgehalt, d.h. je faserreicher das Gras ist, umso weniger Eiweiß beinhaltet es. Der durchschnittliche Rohfasergehalt von Gras liegt bei 20 – 40 %. Das ist ein beträchtlicher Anteil an den Gesamtinhaltsstoffen. Wenn man sich das vor Augen hält, ist verständlich, warum Gras oder Heu unverzichtbar ist.

Nur frisch ein Vergnügen

Gras sollte immer frisch geschnitten gefüttert werden, noch besser ist es, wenn die Kaninchen selbst grasen dürfen. Mit dem Rasenmäher gemähtes Gras ist unbekömmlich. Die Fasern sind zu kurz und durch Fermentationsprozesse beginnt das Gras im Sommer schnell zu gären, was zu fatalen Verdauungsproblemen führen kann.

Der Rasen im Garten besteht aus Gras, das sich wiederum aus verschiedenen Arten von Süßgräsern, wie Weidelgras, Rispengras oder Knäuelgras zusammensetzt. Obwohl Kaninchen sich auch von Rasen ernähren können, ist er zu einseitig für sie. Schöner wäre es, ihnen Wiesenmischungen zum Grasen zur Verfügung zu stellen.

Wiese

Der Rasen im Garten ist zwar für die Kaninchen gut zum Grasen geeignet, eine größere Artenvielfalt mit vielen Kräutern wäre jedoch für die Tiere gesünder und schmackhafter. Die Rasenmischungen, die normalerweise ausge-

Gesunde Wiesenkräuter

Ackerfuchsschwanz, Breitwegerich, Brennnessel, Brombeeren, Brunnenkresse, Dill, Dinkel, Dost, Fenchel, Franzosenkraut, Gänseblümchen, Gerste, Giersch, Hafer, Haselnussblätter, Hirtentäschelkraut, Huflattich, Johannisbeere, Johanniskraut, Kamille, Kerbel, Knäuelgras, Klee, Kornblumen, Löwenzahn, Lungenkraut, Luzerne, echtes Mädesüß, wilde Malve, Melisse, wilde Möhre, Pfefferminze, Ringelblumen, Rispengras, Roggen, Rohrschwingel, Sauerampfer, Schafgarbe, Spitzwegerich, Vogelmiere, Wegerich, Weidelgras, Weizen, Wiesenkammgras, kleiner Wiesenknopf, Wiesenlieschgras, Wiesenrispengras.

sät werden, sind Monokulturen von einzelnen Süßgrasarten und wenig abwechslungsreich. Auf einer Wiese wächst jedoch eine große Vielfalt an Gräsern, Kräutern und Blumen, die auch alle sehr bekömmlich sind. Alle Wiesenkräuter sollten jedoch nur geringen Mengen zugefüttert werden, da manche von ihnen medizinische Wirkungen haben.

Eine gesunde schmackhafte Kaninchenwiese besteht also aus verschiedenen Gräsern und Kräutern, aber durchaus auch aus Pflanzen, die im heimischen Garten nicht gern gesehen und gemeinhin als Unkraut bezeichnet werden, wie z.B. Löwenzahn (Kaninchens Leibspeise). Im Handel und im Internet sind teure Nagergrasmischungen in kleinen Pflanzschälchen erhältlich. Die können auf der Fensterbank gezogen und von den Kaninchen abgeknabbert werden. Genauso gut geeignet sind Kräuterwiesenmischungen für Pferdeweiden, die im Landhandel erhältlich sind. Man kann sie auch in flachen Pflanzschalen anbieten oder den Rasen mit Wiesenmischungen ein wenig aufpeppen. Sie wachsen in der Regel nach, vorausgesetzt, die Kaninchen haben die Wurzeln nicht herausgerissen.

Heu

Heu ist getrocknetes Gras, das von Heuwiesen gewonnen wird. Das sind Grünlandflächen, die nicht beweidet und deren Pflanzen zur Heuherstellung genutzt werden. Das qualitativ beste Heu ist der sogenannte erste Schnitt, der kurz nach der Pflanzenblüte gewonnen wird. In Deutschland wird der erste Schnitt jedoch oft zu Silage verarbeitet, weil er das hochwertigste Viehfutter liefert. Der Eiweiß- und der Kalziumanteil sind bei dieser Heusorte am höchsten. Heu selbst herzustellen lohnt sich nicht. Es muss gemäht oder mit der Sense geschnitten werden, getrocknet, gewendet und gelagert werden, denn es darf nicht direkt nach der Trocknung verfüttert werden.

Löwenzahn ist kalziumhaltig, deshalb nur geringe Mengen verfüttern, auch wenn die Kaninchen ganz wild darauf sind.

Verschiedene Sorten

Als Heupflanzen gibt es verschiedene Grassorten, die zum Teil aus den USA kommen wie das Timothy-Heu, das aus Wiesenlieschgras besteht. Diese Grassorte kommt zwar in Deutschland auch vor, ist jedoch selten. Timothy-Heu hat einen hohen Faser- und einen niedrigen Eiweißanteil. Es wächst sehr langsam, schmeckt süßlich und ist für Kaninchen sehr bekömmlich. Leider ist der USA Import nicht billig und eigentlich ist es auch nicht einzusehen, Heu aus dem Ausland zu importieren. Andere Grassorten, die auch in Deutschland als Heuarten erhältlich sind, sind Weidelgras oder auch Ryegras und Alfalfa (Luzerne). Luzerne hat einen hohen Eiweißanteil (ca. 17 %) und ein Kalzium-Phosphor-Verhältnis von 1:5. Luzerne ist sehr gut zur Jungtieraufzucht geeignet, bei erwachsenen Kaninchen kann es jedoch zu Fettsucht und sogar zur Harnsteinbildung führen. Klee ist ähnlich nährstoffreich und sollte genau wie Luzerne nicht als Heu an erwachsene Kaninchen verfüttert werden.

Deutsche Futtergräser

Die wichtigsten Futtergräser in Deutschland sind deutsches Weidelgras, Wiesenlieschgras, gewöhnliches Knäuelgras, Wiesenschwingel und Rohrschwingel. Das Weidelgras findet man in vielen Rasensorten, denn es ist trittsicher, regeneriert sich schnell und ist sehr robust. Wiesenlieschgras hat eine charakteristische Scheinähre, sie sieht wie ein kleiner Maiskolben aus und wird auch als Timotheegras bezeichnet. Es ist in Deutschland oft als Katzengras erhältlich. Wiesenlieschgras ist Bestandteil der sogenannten Fettwiesen. Wie der Name schon sagt, sind diese Wiesen sehr nährstoffhaltig und können auch im Winter noch geschnitten werden. Gewöhnliches Knäuelgras ist in Deutschland weitverbreitet und wird auch oft in waldigen Lichtungen, am Wegesrand oder auf ungenutzten Wiesen gefunden.

Wiesenschwingel ist in Europa weitverbreitet und kommt häufig auf Tierweiden vor. Es wird sehr gern gefressen und ist winterhart. Es kommt vor allem in regenreichen Gebieten vor.

Rohrschwingel kommt ebenfalls oft in Rasenmischungen vor, da es trittfest und hart ist. Es ist kein besonders hochwertiges Futtergras, da sein Nährstoffgehalt nicht sehr hoch ist. Da es aber viele Silikate enthält, ist es für den Zahnabrieb sehr nützlich. Allerdings wird es von Tieren nicht so gern gefressen und wird daher nicht gern auf Weiden gesehen, denn die Tiere lassen es stehen und es kann sich dann schnell ausbreiten.

Das richtige Heu

Im Handel sind sehr viele verschiedene Heusorten erhältlich, die zum Teil horrende Preise haben. Heu wird als Bergwiesenheu, amerikanisches Timotheeheu, Heu mit Äpfeln, Luzerneheu und Kräuterheu in Beuteln abgepackt angeboten. Das ist für die meisten Kaninchenhalter praktisch, vor allem weil es platzsparend und einfach zu lagern ist. Wer jedoch über einen trockenen Unterstand oder Raum verfügt, in dem er einen Ballen Heu lagern kann, der ist gut beraten, sich auf Reiterhöfen oder beim Bauern umzuschauen. Dort kann man problemlos einen Ballen Heu kaufen und zahlt ungefähr zwanzig Mal weniger als im Handel. Heu für Pferde ist für Kaninchen gut geeignet, da Pferde und Kaninchen einen ähnlichen Verdauungstrakt und auch einen vergleichbaren Geschmack haben. Wer diese Möglichkeit nicht hat, sollte Bergwiesenheu oder Ähnliches kaufen. Das Heu ist teuer, jedoch auch qualitativ sehr hochwertig, staubfrei und hat einen angenehmen Geruch. Spezialheusorten wie Luzerne- oder Hafergrün sollten nur als Leckerei und nicht ausschließlich gegeben werden.

Erst die Morgengymnastik, dann das Frühstück. Und anschließend ein Nickerchen in der Raufe?

Kräuter und getrocknete Pflanzen

Kräuter und Pflanzen können frisch, aber auch in getrocknetem Zustand verfüttert werden.

Basilikum	appetitanregend, beruhigend, gesamte Pflanze kann gegeben werden
Brennnessel	blutreinigend, entgiftend, vor allem junge zarte Triebe füttern oder getrocknet geben
Brunnenkresse	harntreibend, enthält Senföle, kann die Schleimhäute reizen, ist aber schwach giftig, deshalb lieber nicht füttern
Dill	appetitanregend, krampflösend, frisch oder getrocknet als Futtermischung, ist cumarinhaltig, daher nur geringe Mengen füttern (Gefahr von Blasengries)
Echinacea	stärkt das Immunsystem, frisch als ganze Pflanze oder als Trockenkraut, ist allerdings eher Heilpflanze als Futtermittel, daher nur geringe Mengen füttern
Frauenmantel	leicht kohlrabiartiger Geschmack, eher Heilpflanze, gut nach Geburten, um die Gebärmutter zu reinigen
Gänseblümchen	Blüte und kleine Blättchen am schmackhaftesten, enthält ätherische Öle, wirkt blutreinigend, entwässernd und leicht abführend
Giersch	auch als Geißfuß bekannt, gute Futterpflanze, schmeckt nach Möhren und Petersilie, bei Kaninchen sehr beliebt
Hibiskus	Blüten verfüttern (Malvengewächs), entzündungshemmend, gut für die Atemwege
Hirtentäschelkraut	frisch oder getrocknet, wirkt wehenfördernd, nicht an trächtige Tiere verfüttern
Huflattich	Die Blüten ähneln Löwenzahnblüten, schmeckt bitter, jedoch gute Arzneipflanze, wirkt schleimlösend, soll nur kurzfristig gegeben werden. Es gibt allerdings Hinweise auf giftige Inhaltsstoffe, daher lieber wenig verfüttern.
Johanniskraut	getrocknet oder als Tee, antibakteriell, entzündungshemmend, als Johanniskrautöl bei Wunden. Vorsicht, führt bei hellhäutigen Tieren zu Fotosensibilität.
Kamille	frisch, getrocknet auch als Trank, entzündungshemmend, krampflösend
Kerbel	Gewürz aus der Küche, in der Natur als Wiesenkerbel. Vorsicht: Kann mit giftigem Schierling verwechselt werden. Vor der Blüte ernten, schmeckt nach der Blüte bitter.

Liebstöckel	bei Magenbeschwerden und Verdauungsproblemen, nicht an trächtige Tiere füttern
Löwenzahn	kennt jeder, nicht zu viel füttern, sehr kalziumhaltig, ganze Pflanze kann verfüttert werden, kann zu rot gefärbtem Urin führen.
Majoran	wirkt gegen Blähungen und Schnupfen, als Tee bei säugenden Häsinnen regt er die Milchbildung an
Malve	siehe Hibiskus
Melisse	enthält viele ätherische Öle, wirkt als Tee beruhigend und krampflösend, Melissenblätter wirken entzündungshemmend, gut als Umschlag bei wunden Ballen oder schlecht heilenden Wunden, kleine Mengen füttern, eher Heil- als Futterpflanze
Oregano	gehört zur gleichen Pflanzengattung wie Majoran, siehe dort
Petersilie	glatt oder kraus, heiß geliebter Kaninchenleckerbissen
Pfefferminze	ganze Pflanze, frisch oder getrocknet, wirkt krampflösend und ist im Sommer sehr erfrischend
Ringelblumen-blüten	entzündungshemmend, äußerlich als Salbe oder Tinktur, getrocknete Blüten gut gegen Leberleiden
Rosmarin	krautige, bittere Pflanze, getrocknet gut gegen Herzbeschwerden und gegen Blähungen, als Öl stark antiseptisch
Salbei	stammt vom lateinischen salve = heilen ab. Altbekannte Heilpflanze. Der Wiesensalbei enthält allerdings kaum ätherische Öle, deshalb als Heilpflanze ungeeignet.
Sauerampfer	enthält viel Oxalsäure, nicht zu viel füttern
Spitzwegerich	entzündungshemmend, harntreibend, bei Nieren- und Blasenproblemen und Verdauungsbeschwerden, kann auch getrocknet verfüttert werden
Thymian	getrocknet oder als Tee, bei Infekten, wirkt entzündungshemmend, schleimlösend und antibakteriell
Vogelmiere	enthält viel Saponin, das aber nicht generell toxisch ist. Gute Futterpflanze, schmeckt maisartig. Kann auch getrocknet gegeben werden.
Zaunwinde	als Unkraut verpönt, kleine junge Pflanzen füttern, wirken verdauungsfördernd Als Umschlag bei wunden Ballen gut geeignet. Vorsicht: Manche Arten enthalten Mutterkornalkaloide = giftig!

Gehölze und Blätter	
Apfelbaum	Blätter und Zweige
Birke	Zweige und Blätter, harntreibend, gut bei chronischen Harnwegentzündungen, als Tee hautreinigend, harntreibend oder kalt als Trank
Brombeerblätter	nur getrocknet, ohne Stacheln
Fichte	Fichtennadeln getrocknet oder als Tee, wirken entzündungshemmend und schleimlösend
Haselnuss	nur Blätter und Zweige, ganze Nüsse können zu Darmblockaden führen
Heidelbeerblätter	Blätter und Zweige
Himbeere	Blätter und Zweige, wirken sich im Frühjahr positiv auf die Fruchtbarkeit aus, kann auch als Tee gegeben werden
Johannisbeer-blätter	Blätter und Zweige
Rosenblätter	nur wilde Rosen und davon nur die jungen Blüten füttern

Lange Stängel müssen besonders gründlich gekaut werden.

Doch zuerst wird geprüft, ob man das überhaupt fressen kann.

Obst

"An apple a day keeps the doctor away." Das gilt auch für Kaninchen. Grundsätzlich können Kaninchen fast alles an Obst fressen, was auch bei uns auf den Tisch kommt. Zwei Dinge sollten Sie jedoch berücksichtigen: Zum einen sollten Sie nur kleine Mengen verfüttern, zum anderen sind die Obstsorten, die Kaninchen auch in der Natur vorfinden, am bekömmlichsten. Vor allem süßes Obst enthält oft viel Fruchtzucker und kann bei Kaninchen, die schon übergewichtig sind, dazu führen, dass sie noch dicker werden. Kaninchen mögen süße Sachen furchtbar gern und wenn sie einen Fruchtcocktail angeboten bekommen, tendieren sie dazu, die weniger süßen Sachen zu verschmähen. Reifes Obst ist am bekömmlichsten und wird auch am liebsten verzehrt. Natürlich können Kaninchen auch exotisches Obst wie Mango oder Papaya fressen, doch es

gibt genug heimisches Obst zur Auswahl, womit die Kaninchen abwechslungsreich ernährt werden können. Außerdem ist die Fütterung mit Südfrüchten bei Kaninchen noch wenig erforscht.

Gerade einheimisches Obst sollte in der Regel nicht geschält werden – heiß abwaschen genügt. Die meisten Obstschalen enthalten viele Ballaststoffe und Vitamine. Außerdem müssen Kaninchen keinen klein geschnittenen Fruchtcocktail bekommen, sie können sehr gut von einem ganzen Apfel abbeißen. Gerade was Äpfel angeht, lohnt es sich, auf Spaziergängen die schrumpeligen kleinen Äpfel der Streuobstwiesen aufzulesen (natürlich nur mit Genehmigung des Wiesenbesitzers) und sie zu verfüttern. Sie sind am bekömmlichsten und werden gern gefressen, während sie für den menschlichen Verzehr eher nicht in den Handel kommen, da sie oft unansehnlich sind.

Obst	
Apfel	gehört zu den Rosengewächsen, alle Sorten sind geeignet. Das Beste sitzt direkt unter der Schale, deshalb ungeschält verfüttern. Apfelkerne sind zwar prinzipiell giftig, aber die Tiere nehmen nicht genug Kerne auf, um sich zu vergiften. Beim Menschen gilt erst eine Dosis von 6 000 zerkauten Apfelkernen als giftig.
Banane	Gemeint ist die Dessertbanane, nicht die Kochbanane. Ohne Schale verfüttern, soll angeblich zu Verstopfungen führen, habe ich jedoch noch nie erlebt. Problematisch ist eher der hohe Zuckergehalt bei übergewichtigen Kaninchen.
Orange	Zitrusfrucht, kommt im Lebensraum unserer Kaninchen genauso wenig vor wie die Banane, wird jedoch gern gefressen. Ohne Schale verfüttern, vitaminreich
Beeren	Alle Beeren enthalten viel Fruchtzucker, nur in kleineren Mengen und vor allem sehr reife Früchte verfüttern.
Birne	gehört genau wie der Apfel zu den Rosengewächsen, siehe dort
Melone	gehört zu den Kürbissen, kommt in Kaninchenlebensraum nicht vor, nur sehr reife Melonen verfüttern, können zu Blähungen führen
Kiwi	Schlingpflanze aus China, kein Obst aus dem Lebensraum der Kaninchen
Grapefruit	siehe Orange
Ananas	kommt auch nicht im Lebensraum der Kaninchen vor. Wirkt verdauungsfördernd, vor allem bei Haarballen im Magen

Gemüse

Gemüse ist gesund, schmeckt gut und hält
fit. Daher sollte auf dem Futterplan der Kaninchen immer ausreichend Gemüse stehen.
Heimische Gemüsesorten sind am verträg-
lichsten und sollten nach jahreszeitlichem
Vorkommen gefüttert werden. Gemüse hat
außerdem den Vorteil, dass es bis auf wenige
Ausnahmen ungekocht gefüttert werden kann
und viele Vitamine und Mineralstoffe enthält.
Ferner enthält Gemüse im Gegensatz zu dem
süßen Obst wenig Fruchtzucker und macht
daher nicht dick.

Nicht nur die Möhren sondern auch das Möhrenkraut ist lecker und gesund.

Gemüse	
Aubergine	ist ein Nachtschattengewächs, enthält das Gift Solanin, ist für den Menschen roh giftig, daher wenig beim Kaninchen bekannt, lieber nicht füttern
Blumenkohl	reich an Vitamin C und Kalzium, schmeckt mild, bläht im Gegensatz zu anderen Blattkohlarten nicht
Brokkoli	siehe Blumenkohl
Chicorée	enthält viel Kalium und Vitamin C, wird trotz des bitteren Geschmacks von man-chen Kaninchen sehr gern gefressen
Chinakohl	enthält viel Kalium und Vitamin C, kann zu Blähungen führen
Fenchel	als Gemüse als Knollenfenchel bekannt, wirkt durch den Inhaltsstoff Fenchelöl beruhigend auf Magen-Darm-Trakt, schmeckt anisartig
Grünkohl	Wintergemüse, sehr Vitamin-C-haltig, kann aber zu Blähungen führen
Gurke	Kürbisgewächs, besteht hauptsächlich aus Wasser, wird gut vertragen, der Nähr-wert ist jedoch relativ gering
Karotte	Der Gemüseklassiker, enthält viel Wasser, ist bei Kaninchen aber sehr beliebt. Kann unbedenklich gegeben werden, allerdings sollte das Kraut nur sparsam verfüttert werden. Die Erde kann ruhig dranbleiben, Kaninchen fressen sie manchmal ganz gern mit.
Salat	Kopfsalat wird oft überschätzt, geringer Nährstoffgehalt, vor allem Gewächs-haussalat ist oft sehr nitrathaltig, nur wenig füttern
Staudensellerie	hoher Vitamin- und Kaliumgehalt, entwässernd, Vorsicht bei Nierenproblemen
Kohlrabi	Kohlpflanze, roh oder gekocht, sehr ballaststoffreich, gut verträglich, Blätter und Knolle, größere Mengen der Blätter können zu Blähungen führen

Mais	gehört zu den Süßgräsern, reifer Mais enthält keinen Zucker mehr, weil der im Reifeprozess abgebaut wird, sowohl Kolben als auch Blätter können gefüttert werden.
Mangold	ist eine Kulturform der Rübe, enthält sehr viel Oxalsäure, die beim Erhitzen abgebaut wird. Kann bei Nierenschäden problematisch sein, wenn, dann nur in kleinen Mengen füttern.
Paprika	gehört zu den Nachtschattengewächsen und ist mit Kartoffel und Tomate verwandt. Der Inhaltsstoff Capsicain macht die Schärfe aus, der in der Paprika nur wenig vorkommt. Capsicain wirkt gegen Krebs, Paprika ist gut verträglich, alle Farben können gefüttert werden. Reife Paprika enthält viel Zucker.
Petersilienwurzel	krautige Pflanze mit Rübe, gehört aber zu den Doldenblütlern, können ungewaschen wie Karotten gelagert werden, gut verträglich
Rosenkohl	Kohlgewächs, bitter, wird nicht gern gefressen
Rote Beete	ist mit Zuckerrübe und Mangold verwandt, gehört nicht zu den Rübengewächsen, reich an Oxalsäure, kann zu Nierenproblemen führen, färbt den Urin rot
Tomaten	Nachtschattengewächs, enthält viel Wasser, geringer Nährwert, Kraut und Stielansatz ähnlich wie rohe Kartoffeln giftig
Schwarzwurzel	können beim Menschen zu Blähungen führen, beim Kaninchen wenig gesicherte Erkenntnisse, lieber nicht füttern
Steckrübe	vitaminreich und gesund, dabei sehr kalorienarm, kann gut im Winter gefüttert werden
Zucchini	gehört zu den Kürbissen, auch die Blüten sind essbar. vitaminreich und gut bekömmlich
Zwiebel	auf gar keinen Fall füttern, kann zu Anämie und Beeinträchtigung des Immunsystems führen
Knoblauch	ebenso unverträglich und schädlich für Kaninchen wie Zwiebeln

Wie wäre es mit Gemüsespießchen als „weight watchers"-Version der Knabberstangen?

Bunte Müslimischungen sehen zwar hübsch aus, sind aber nicht unbedingt gesund.

Trocken- oder Pelletfutter

Kaninchenfutter wird traditionell in Form von Pellets oder Mischungen aus den verschiedenen Inhaltsstoffen angeboten. Diese enthalten meistens flockige, zerkleinerte oder gerollte Getreidebestandteile, Gemüse, Kräuter, Graspellets und verschiedene Trockenobstbeimischungen. Besonders beliebt ist der Zusatz von Melasse (Zucker). Das versüßt den Geschmack, ist jedoch nicht sonderlich gesund. Diesen bunten Mischungen werden auch oft Johannisbrotkerne – entweder als Ganzes oder als Beimischungen – hinzugefügt. Sie versüßen ebenfalls den Geschmack, sind jedoch als unzerkleinerte Beigaben nicht ungefährlich, da sie zu Darmblockaden, vor allem im Dünndarm, führen können, wenn sie nicht ausreichend zerkaut werden.

Ganz schön bunt

Je bunter und schöner die Kaninchenfuttermischung anzusehen ist, desto ungesünder ist sie meistens auch. Das Futter wird natürlich nicht von den Kaninchen selbst gekauft, sondern von ihren Besitzern und denen gefällt ein optisch ansprechendes Futter besser als einheitsgrüne langweilige Pellets in gleicher Form. Kaninchen können die meisten Farben allerdings gar nicht wahrnehmen. Außerdem besteht die Gefahr bei Futtermischungen, dass die Tiere selektiv fressen, das heißt, sie suchen sich nur die Bestandteile heraus, die sie gern mögen und lassen den Rest, der vielleicht gesünder, aber weniger schmackhaft ist, liegen. Die Besitzer füllen die Schüssel nach und so kann es trotz reichlich gedecktem Tisch zu Mangelernährungen kommen.

Oft sind die Futtersorten, die am langweiligsten aussehen, am gesündesten. Man sollte jedoch auch hier genau prüfen, welche Inhaltsstoffe darin enthalten sind. Alle Zusatzstoffe wie Melasse, Johannisbrotkernmehl, Zucker, Bienenhonig und Ähnliches erhöhen den Gewinn für den Futterhersteller, führen aber dazu, dass die Kaninchen verfetten und krank werden. Wenn es schon Pelletfutter sein muss, dann das langweilige und auch davon maximal 2 – 3 Esslöffel pro Tag.

Es geht auch ohne Pellets

Es hat sich inzwischen herumgesprochen, dass Kaninchen – vor allem, wenn sie als Heimtiere gehalten werden – kein Pelletfutter benötigen. Wenn Sie das Futter umstellen möchten, sollten Sie darauf achten, dass Ihre Tiere weiterhin fressen. Denn gerade bei dicken Mümmlern kann der Pelletentzug tatsächlich zum Tode führen, da die Tiere in den Hungerstreik treten, weil sie ihr gewohntes Futter nicht mehr erhalten.

Drops, Kaustangen, Müsliriegel

Überflüssig, ungesund, schädlich. Diese wunderbaren Leckerchen, bei denen die Kaninchen angerannt kommen, wenn sie das Klappern der Schachtel hören, sind überhaupt nicht auf die Ernährungsbedürfnisse von Kaninchen ausgelegt, werden aber trotzdem heiß geliebt. Besonders bei den bunten Zusatzfuttermitteln gilt: Wirklich nur sehr selten, am besten aber gar nicht füttern. Doch wer von uns lebt schon vollkommen gesund ohne ab und zu zu „sündigen"? Ich jedenfalls nicht, deshalb ist gegen einen Drop hin und wieder nichts einzuwenden, eine Schachtel sollte jedoch einige Monate halten.

Milchprodukte

Milchprodukte sind und bleiben für Kaninchen ungesund. Sie sind nicht nur Dickmacher, sondern auch gesundheitsschädlich. Natürlich kommt es wie bei allem auf die gefütterte Menge an, aber es gibt Untersuchungen zum Milchkonsum, die eindeutig belegen, dass Kaninchen, die mit Kuhmilch gefüttert wurden, rheumaähnliche Beschwerden entwickelten. Außerdem können sie den Milchzucker in ihrem Darm nicht spalten, weil ihnen die Enzyme dafür fehlen.

Mineralecksteine

Kaninchen haben gegenüber anderen Säugetieren eine um ca. 50 % erhöhte Kalziumkonzentration im Blut, die zu ca. 40 % durch die Kalziumaufnahme im Futter beeinflusst wird. Während bei allen anderen Säugetieren die Kalziumaufnahme aus dem Darm durch verschiedene Hormone gesteuert wird, kann es beim Kaninchen mehr oder weniger ungehindert die Darmwand passieren. Deshalb sind zusätzliche Kalziumgaben durch Mineralecksteine beim Kaninchen nicht nur überflüssig, sondern auch gefährlich, weil sie zu Blasensteinen führen können.

Futterplan für hungrige Kaninchen

Am besten ist immer noch die Fütterung, die dem Nahrungsangebot in freier Natur am nächsten kommt.

Gras enthält ca. 20 – 25 % Rohfaser, 15 % Rohprotein und 2 – 3 % Fett. Die Hauptnah-

Frisches Wasser sollte immer zur Verfügung stehen. Ob Napf oder Nippelflasche ist Geschmackssache.

rungsquelle für Kaninchen sollte deshalb Gras sein – frisch, gefriergetrocknet oder in Form von Heu. Heu sollte immer zur freien Verfügung stehen. Um Verschmutzungen zu vermeiden, kann es in einer kleinen Heuraufe angeboten werden.

Frisches Grünfutter ist ebenfalls sehr wichtig. Jungtiere sollten langsam daran gewöhnt werden. Pflanzen können entweder gesammelt werden, wie Brombeersträucher, Löwenzahn etc., oder als Gartengemüse angeboten werden.

Trocken- oder Pelletfutter ist nicht notwendig, wenn den Tieren ausreichend Heu zur freien Verfügung steht. Wenn Sie jedoch nicht darauf verzichten möchten, sollten Sie es nur begrenzt anbieten. Allgemein empfohlen werden 2 – 3 Esslöffel pro Tier und Tag, oder zur genaueren Orientierung, vor allem bei großen Rassen: 25g pro Kilo Körpergewicht pro Tag.

Obst sollte nur als Leckerli gegeben werden, weil es viel Zucker enthält und zu Verdauungsstörungen führen kann.

Alle anderen „Futtermittel" wie Zwieback, Knäckebrot, Nüsse, Bohnen, Rosinen, Drops, Kau- und Knabberstangen nur ganz selten als besonderen Belohnungshappen füttern.

Weight Watchers für Kaninchen

Es ist nicht leicht, einen übergewichtigen Moppel abnehmen zu lassen. Die Tiere sind meist extreme Futterspezialisten und hungern sich lieber zu Tode, als ein neues Futter zu akzeptieren. Sie werden schönes frisches Gemüse, gesunde Knabberäste, frische Grünpflanzen und Heu verschmähen und stur auf ihr altes ungesundes Futter bestehen. Ganz wichtig bei übergewichtigen Kaninchen ist, das Futter nur sehr langsam umzustellen, da ein plötzlicher Futterwechsel, so gut er auch gemeint ist, tatsächlich zu massiven Leberstoffwechselstörungen und Problemen des Verdauungstrakts führen kann.

Schrittweise Umstellung

Ersetzen Sie das ungesunde Fertigfutter nach und nach durch Graspellets, setzen Sie das süße Obst langsam ab und auch die Extras an Kräckern und Drops werden schrittweise reduziert. Man kann die Moppel ganz gut betrügen, indem man langsam die ungesunden gegen gesunde Pellets austauscht und anfangs nur sehr wenig Grünpellets untermischt.

Den Rest hebe ich mir für später auf. Man muss ja auch an eine gute Figur denken.

Am Käfig aufgehängtes oder verstecktes Futter sorgt für Bewegung und Beschäftigung.

Mühsam erarbeitet

Ein dickes Kaninchen sollte möglichst langsam abnehmen. Seien Sie nicht zu ehrgeizig, denn der Stoffwechsel muss sich erst auf die neue Nahrung umstellen. Viele Tiere, die die Tierarztpraxen füllen, verschwinden aus den Wartezimmern, wenn sie artgerecht ernährt werden. Neben der Futterumstellung ist es genauso wichtig, die Tiere zu mehr Bewegung zu animieren. Das Futter muss nicht immer direkt vor der Nase in einem Napf serviert werden, lassen Sie Ihre Kaninchen ruhig für ihr Futter arbeiten. Verstecken Sie es im Käfig, hängen Sie es auf, bieten Sie ihnen Knabberäste an. Die Tiere müssen sich ein wenig anstrengen, um ihr Futter zu bekommen, sich neue Möglichkeiten einfallen lassen, wie sie es erreichen können. Dadurch bewegen sie sich mehr, sie werden wacher und munterer und außerdem geht die Zeit viel schneller um, als wenn sie nur gelangweilt Pellets mümmeln und satt und träge in der Käfigecke sitzen. Mehr dazu finden Sie im Kapitel 5 unter Beschäftigungsideen.

Kugelförmiges Heu – ganz schön knifflig, bis man alle Halme erwischt hat! Damit ist das Kaninchen eine Zeit lang beschäftigt, bis der Gitterball leer und der Bauch voll ist.

Kaninchenwäsche

Kaninchen sind sehr reinliche Tiere. Sie putzen sich sehr gründlich. Sie lecken und beknabbern ihr Fell, um lockere und abgestorbene Haare zu entfernen und Verschmutzungen

Mit den Pfoten wird das Gesicht gewaschen.

zu beseitigen. Anhaftende Dreckklumpen, Pflanzenteile und sonstige Unsauberkeiten werden beseitigt. Die langen oder kurzen Löffel werden sorgfältig mit den Pfoten „gewaschen", ebenso wie das Gesicht und der Schnurrbart. Stellen, die schlecht erreicht werden können, werden bei Sozialkontakten mit anderen Kaninchen geputzt. Kaninchen sind, falls sie nicht zu dick sind, sehr beweglich und erreichen nahezu alle Körperpartien beim Putzen außer die Stelle direkt hinter den Ohren im Genick. Deshalb lassen sie sich gern dort kraulen.

Unterstützung für Zottelfelle

Da der Mensch durch die Zucht von langhaarigen Kaninchen in die Natur eingegriffen hat, mus man diesen Kaninchen bei der Körperpflege helfen, die sie oft nicht allein bewältigen können. Vor allem die beliebten Löwenkopfkaninchen haben auch an der Körperunterseite flusiges Fell, in dem sich oft Streu und Kot festsetzt, was zu größeren Verschmutzungen führen kann. Deshalb ist es wichtig, die Tiere einmal am Tag umzudrehen, und nachzuschauen, ob der Po sauber ist. Die Tiere werden mit den Kotanhaftungen nicht allein fertig.

Kämmen und Bürsten

Kaninchen lassen sich gern kämmen und bürsten. Im Handel sind viele verschiedene Bürsten und Kämme erhältlich, die mehr oder weniger effektiv die abgestorbenen Haare entfernen können. Weiche Babybürsten werden oft empfohlen, haben aber den Nachteil, dass sie zu weich sind, um lose Haare herauszubürsten. Sie sind für das Kaninchen-Wellnessprogramm geeignet, erfüllen jedoch ihren Zweck der Fellpflege nicht überzeugend. Letztendlich sollte man sich für die Bürste entscheiden, die dem Kaninchen und auch dem zweibeinigen Pflegepersonal am besten gefällt. Gut geeignet sind kleine Striegel, die weiche Metallzacken haben, an denen die Haare gut hängen bleiben, um abgestorbene Haare zu entfernen. Auch Bürsten mit einem Doppelkopf haben sich bewährt. Sie haben eine härtere Seite mit Metallborsten und eine weichere Seite mit Kunststoffborsten. Manche Bürsten haben auch eine abnehmbare Platte, mit der sich die Haare leicht aus der Bürste entfernen lassen. Von engzinkigen Kämmen und Flohkämmen sollte man allerdings nur Gebrauch machen, wenn man Schuppen und Verschmutzungen – z.B. bei Hautkrankheiten – aus dem Fell entfernen möchte, da bei ihnen der beliebte Massageeffekt ausbleibt.

Shampoo und Deodorant

Nicht alles, was im Handel angeboten wird, ist auch sinnvoll. In der Pflegeecke von Zoofachgeschäften findet man auch deodorierende Sprays und Shampoos für Kaninchen. Es ist absolut unnötig, Kaninchen zu baden oder mit Duftsprays zu behandeln. Es ist sogar schädlich für die Tiere und beeinträchtigt das Langohrenwohlbefinden enorm. Kaninchen verständigen sich durch Duftsignale (siehe Seite 11) und werden stark durch Parfüms, Raumsprays, aber auch wohlduftende Shampoos und Ähnliches beeinträchtigt. Die einzige Ausnahme sind Bäder, die medizinisch sinnvoll sind und vom Tierarzt verordnet wurden, oder Sitzbäder, um hartnäckige Kotverschmutzungen zu entfernen.

Sanfte Bürstenmassage für gepflegtes Fell – aber bitte nicht an den Ohren ziepen.

Unterbodenwäsche

Auch wenn Kaninchen es nicht so gern mögen, sollte der „Unterboden" in regelmäßigen Abständen inspiziert werden. Dazu kann man die Hoppler im Genick fassen und sie sozusagen auf ihren Hintern setzen. Eine zweite Person kann sich dann die Unterseite des Kaninchens anschauen. Bei langhaarigen Tieren findet man immer wieder Verkrustungen und Verklebungen von Haaren, Streu und Kot. Diese befinden sich nicht nur am After, sondern auch um die Geschlechtsteile und an den Läufen. Geringere Verschmutzungen kann man mit der Bürste entfernen. Bei hartnäckigeren Verklebungen empfiehlt es sich, ein Kamillebad zu machen, um den Schmutz zu lösen. Das feine Kaninchenfell lässt sich nur sehr schwer mit einer Schermaschine rasieren. Gleichzeitig kann man bei dieser Gelegenheit die Perianaltaschen kontrollieren. Das sind zwei Falten in der Leiste, in denen sich manchmal eingetrocknetes, längliches, hartes Perianalsekret befindet, das häufig mit Kot verwechselt wird. Das eingetrocknete Sekret kann meistens locker abgezogen werden, bei geringen Verschmutzungen muss es nicht unbedingt entfernt werden.

Heute ist Badetag: Zuerst wird das Fell gebürstet und somit lose Haare entfernt.

Zeigt her eure Füße

Wohnungskaninchen nutzen ihre Krallen weniger stark ab als ihre wilden Verwandten. Sie graben keine Gänge, buddeln keine Höhlen und legen meistens auch weniger lange Strecken auf hartem Untergrund zurück. Es gibt auch Tiere, bei denen die Krallen lockenartig wachsen und sehr rund werden. Bei diesen Krallen droht Verletzungsgefahr, wenn die Kaninchen hängen bleiben und sich die Krallen ausreißen, deshalb sollten sie regelmäßig kontrolliert werden. Zum Krallenschneiden eignet sich meiner Erfahrung nach am besten ein normaler menschlicher Nagelknipser. Der ist weitaus günstiger als alle abenteuerlichen Geräte, die im Handel zu erwerben sind. Bei den verschiedenen Krallenzangen können die Nägel leicht gequetscht und gebogen werden, bei einem Nagelknipser ist das nicht der Fall. Aber auch hier gilt: „Never change a winning team" – wer mit den Krallenzangen gut zurechtkommt, sollte auch dabei bleiben.

Krallen richtig kürzen

Eine Kralle ist hohl und in ihr steckt ein Knochen, denn sie wächst quasi wie eine Tüte über das letzte Fingerglied. Deshalb darf die

Dann werden die Augen gesäubert, indem das Tränensekret vorsichtig abgetupft wird.

Kralle nicht zu sehr gekürzt werden, sonst wird der darunterliegende Knochen verletzt und es kommt zu starken Blutungen, die für den Besitzer ziemlich furchterregend aussehen. Vor allem bei dunklen Krallen kann man die Grenze zwischen Horn und „Leben" nicht erkennen, dadurch wird das Kürzen schwieriger als bei hellem Horn. Als Faustregel kann man sagen, dass die Krallen nicht über das Fell hinausstehen sollten. Im Zweifelsfall die Kralle nicht kürzer schneiden, als auf die Länge der Haare, die an den Läufen sind.

Augen und Ohren

Ein gesundes Kaninchen hat ein glänzendes Fell, glänzende, klare Augen ohne Ausfluss und saubere Ohren, an denen höchstens ein bisschen wachsartiges Ohrenschmalz haften darf. Kleinere Verkrustungen und Verklebungen, z.B. mit Tränensekret und Nasensekret, lassen sich gut mit feuchten Reinigungstüchern zur Babypflege oder zur Gesichtspflege entfernen. Diese Tücher sind wenig oder gar nicht parfümiert, haben einen guten Reinigungseffekt und sind meistens preisgünstiger als die Tierpflegetücher oder Lotionen, die im

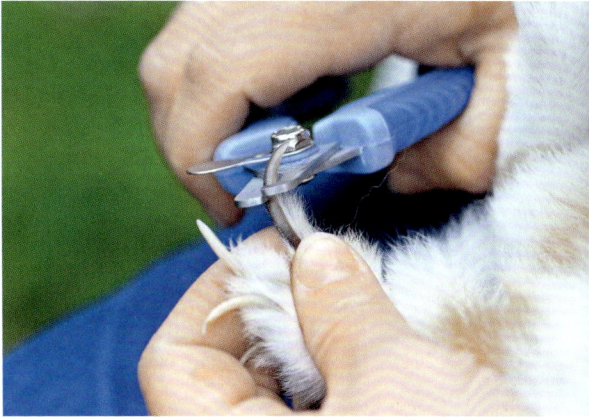

Diese Nägel haben eine Pediküre dringend nötig, also ab mit den Krallen.

Handel angeboten werden. Bei wiederkehrenden Verkrustungen und Verschmutzungen sollten sie den Tierarzt aufsuchen. Denn manchmal steckt eine Hautkrankheit dahinter.

Kanincheninspektion

Täglich: Bürsten und Massieren
Augen, Zähne und Nase kontrollieren
Unterbodeninspektion
Wöchentlich: Krallen und Ohren kontrollieren

Die Ohren kommen auch dran: Vielleicht ist Ohrenschmalz in den Löffeln?

Nach dem Unterbodencheck wird man wieder fachmännisch in den Käfig befördert.

Beschäftigungsideen für Kaninchen

Was Kaninchen brauchen

Kaninchen brauchen regelmäßige, sinnvolle Beschäftigung, genau wie alle anderen Tiere auch. Wenn sie nur im Käfig sitzen oder sich selbst überlassen werden, langweilen sie sich und kommen auf dumme Gedanken. Damit das bei Ihren Hopplern nicht passiert, finden Sie zahlreiche artgerechte Beschäftigungsideen in diesem Kapitel, die Schwung in den Kaninchenalltag bringen.

Arbeitslose Langohren

Wildkaninchen sind mit Nahrungsaufnahme, Tunnelbau, Fortpflanzung, Jungtieraufzucht, Revierverteidigung und Reviermarkierung beschäftigt. Junge Kaninchen spielen mit ihren Artgenossen. Unsere Hauskaninchen sind sozusagen arbeitslos. Sie können – wenn überhaupt – nur sehr wenig graben, sie bekommen ihr Fressen in einem Napf vor der Nase serviert und fortpflanzen sollen sie sich auch nicht. Deshalb brauchen die Tiere, die viel bewegungsfreudiger und schlauer sind, als oft vermutet wird, nicht nur geistige, sondern auch körperliche Betätigung.

Am besten lassen sich Kaninchen mit Futter animieren. Schließlich muss das Futter nicht jeden Tag fein säuberlich im Napf serviert werden, die Tiere können ruhig ein wenig für ihr Futter arbeiten.

Spielzeug

Kaninchen beschäftigen sich auch gern mit Spielzeugen. Es hilft ihnen, ihre natürlichen Bedürfnisse zu befriedigen und aus Kaninchensicht den Tag sinnvoll zu gestalten. Kaninchen, die durch Spielzeuge angeregt werden, zeigen seltener Verhaltensprobleme. Außerdem neigen sie weniger dazu, Dinge zu zerstören oder andere unangenehme Eigenschaften zu entwickeln. Es reicht allerdings nicht, den Kaninchen nur ein buntes Spielzeug in den Käfig zu legen. Je nach Charaktertyp wollen sie unterschiedliche Spielzeuge haben und müssen zum Spielen animiert werden.

Die besten Spielzeuge sind meistens auch sehr simpel. Verpackungsmaterialien aus Holz und Karton bieten unzählige Möglichkeiten, Kaninchen sinnvoll und ausdauernd zu beschäftigen, zum Beispiel zernagen, hinein- oder daraufklettern oder sich verstecken.

Geistige Anregung

Ohne Herausforderungen langweilen sich Kaninchen schnell, besonders dann, wenn sie allein gelassen oder einzeln gehalten werden. Dieses Isolationsgefühl führt bei den Tieren zu Depressionen und Zerstörungswut und kann sogar so weit gehen, dass die Tiere weniger fressen, sich gar nicht mehr bewegen und dann sterben. Selbst beeinträchtigte und alte Kaninchen brauchen geistige Anregung, um fit und vital zu bleiben.

Körperliche Betätigung

Körperliche Betätigung ist für Fitness und Gesundheit genauso wichtig wie geistige Anregung. Bewegung macht nicht nur Muskeln und Gelenke geschmeidig, es kurbelt auch den Stoffwechsel an und hält geistig fit. Kaninchen brauchen Gegenstände, unter denen sie sich verstecken können, Hindernisse, auf die sie hinaufhüpfen können, Buddelkisten, in denen sie ihren Buddeltrieb ausleben dürfen, und Hölzer und Zweige, an denen sie ihren Nagetrieb befriedigen können. Ohne diese Möglichkeiten werden Kaninchen nicht nur inaktiv und depressiv, sie verfetten leichter, zerstören das Mobiliar oder werden aggressiv. Im Grunde sind diese unerwünschten Verhaltensweisen (siehe Kapitel Probleme und Beziehungskrisen) oft nur Ausdruck von Langeweile und Frustration. Steht den Kaninchen nicht genügend Raum für Bewegung zur Verfügung, werfen sie in ihrem Käfig alles durcheinander, randalieren oder springen über alle Möbel, sobald sie die Gelegenheit dazu haben.

„Spring ich jetzt drüber oder laufe ich drum herum?" Beides wäre nur eine kleine Sporteinlage.

Spieltypen

Auch Kaninchen haben verschiedene Charaktere und unterschiedliche Temperamente, denen bei der Spielzeugauswahl Rechnung getragen werden sollte. Alle Verhaltensweisen, die durch Spielzeuge gefördert werden, sind im Grunde ganz natürlich und müssen ausgelebt werden können. Indem Sie Ihren Kaninchen sichere, ungefährliche Spielzeuge basteln oder kaufen, bieten Sie ihnen die Möglichkeit, ihre Triebe auszuleben, ohne sich an Teppichen, Stuhlbeinen, Tapeten oder anderen Einrichtungsgegenständen zu vergreifen.

Die meisten Kaninchen gehören nicht nur zu einem der unten genannten Charaktere, sondern vereinen mehrere Spieltypen in sich. Je nach Lust und Laune sind sie Buddler, Reißwölfe oder Schubser, doch entscheiden Sie selbst.

Der Tunnelbauer

Wildkaninchen graben in freier Natur kilometerlange Gänge und Höhlensysteme. Das macht eine der Hauptbeschäftigungen im Kaninchenleben aus. Genauso gut gefällt es Kaninchen, am Ende eines vorgefertigten Tunnels weiterzugraben. Da sich Tunnelsysteme in der Wohnung oder auf der Terrasse schwer realisieren lassen, kann man dicke Papprollen verwenden. Der Durchmesser der Rollen muss groß genug sein, damit die Kaninchen nicht stecken bleiben. Die Rollen kann man mit Zeitungspapier, Papierschnitzel oder Ähnlichem füllen. Das ermöglicht den Kaninchen, nach Herzenslust im „Röhrensystem" zu graben oder sich auch einfach nur hineinzulegen. Anstelle von Papprollen können auch lange Kartons verwendet werden. Genauso gut sind Spieltunnel aus Nylon für Katzen oder Hundewelpen geeignet, die im Fachhandel erhältlich sind. Es gibt sie in verschiedenen Größen und Farben. Manche lassen sich sogar miteinander verbinden. Man kann die Tunnel zusammenlegen und platzsparend aufbewahren. Sie können von den Kaninchen als Liegeplätze und Verstecke genutzt werden. In befülltem Zustand laden sie zum Graben und Buddeln ein, je nach Vorliebe des Langohrs. Plastikrohre aus dem Baustoffhandel haben zwar einen großen Durchmesser sind aber recht glatt. Die Kaninchen finden darin keinen Halt.

Wohnungstunnel

Auch mit Einrichtungsgegenständen lassen sich schöne Kaninchenverstecke kreieren. Man kann z.B. einen schmalen Gang zwischen Sofa und Wand schaffen, indem man das Sofa nah an die Wand schiebt. Allerdings sollte man diesen Gang regelmäßig kontrollieren. Manch fleißiger Tunnelbauer fängt an, die Rückwand des Sofas zu bearbeiten und gräbt sich durch die Polster, was nicht immer auf helle Freude und große Gegenliebe stößt. In fast jedem Kaninchen steckt ein leidenschaftlicher Tunnelbauer, oder zumindest ein Höhlenschläfer. Kaninchen halten sich gern in dämmrigen Höhlen oder Tunneln auf und verbringen dort einen Großteil des Tages, wenn sie Gelegenheit dazu haben. In der Morgendämmerung und im abendlichen Zwielicht werden sie munter und kommen wieder zum Vorschein.

Der Buddler

Tunnelbauer und Buddler sind sich ähnlich. Es handelt sich sozusagen um verwandte Berufe, denn zum Tunnelbau gehören auch Grabungstätigkeiten dazu. Manche Kaninchen graben nur am Ende eines Tunnels, andere wiederum buddeln, wo auch immer sie sich gerade befinden. Diese Buddelweltmeister sollten immer ausreichend Möglichkeiten zum Buddeln bekommen, denn sonst fallen Teppich, Parkett oder Möbel zum Opfer. Ein leidenschaftlicher Buddler lässt sich nämlich nicht von seiner Mission abbringen. Im Außenbereich bietet sich eine große Plastikwanne mit Sand, Stroh oder Zeitungspapier an, in der nach Herzenslust gebuddelt werden kann. Vor allem wenn die Wanne mit Sand gefüllt ist, fliegt der Dreck, denn ein begabter Buddler kann gigantische Massen bewegen und große Haufen auftürmen. Im Innenbereich empfiehlt es sich daher, die Kiste mit anderem Buddelmaterial wie Zeitungspapier, Stroh oder Einstreu zu füllen.

Herausforderungen für Buddelweltmeister

Es können sich ruhig ein paar Kork- oder Holzstücke sowie Äste als Hindernisse, oder besser gesagt als „Herausforderungen", in der Kiste befinden. Wenn Sie jetzt noch die eine oder andere Karotte im Buddelhaufen verstecken, machen Sie den Buddler glücklich. In der Wohnung kann man versuchen, die Grabungen in weniger „schmutzige" Bahnen zu lenken. Denn manche Buddler geben sich auch mit Baumwolltüchern und alten Handtüchern zufrieden, die sie nach Herzenslust durch die Gegend wühlen können. Sie ordnen diese Tücher immer wieder neu und schieben die Haufen mit der Nase durch die Gegend. Diese Kaninchen sind der Prinzessin auf der Erbse sehr ähnlich (siehe Seite 146). Besonders mitfühlende Kaninchenbesitzer stellen dem Buddler in der Wohnung ein kleines Rasenstück in einer Plastikkiste zur Verfügung, ähnlich der kleinen Schälchen, die man mit Katzengras im Zoofachhandel kaufen kann. Das sieht schöner aus als eine schnöde Sandkiste, macht aber bei den Grabungen auch Dreck, denn Buddler, die ihren Job ernst nehmen, schleudern alles durch die Gegend.

Transparente Buddelkiste mit Aussicht. Wie weit der Sand wohl fliegt?

Der Schubser

In den meisten Kaninchen steckt ein Schubser. Kaninchen lieben es, Dinge zu rollen, zu werfen, zu schieben oder auf irgendeine Art und Weise durch die Gegend zu bewegen. Der Schubser kann viele Charakterzüge haben – aggressive Kaninchen schubsen Sachen genauso gern wie sanfte Tiere. Deshalb kann man Kaninchen mit Bällen oder anderen leicht beweglichen Gegenständen oft eine Freude machen. Besonders begabte Schubser können nach einigem Training sogar Fußball spielen. Mit etwas Ausdauer kann man den Kaninchen beibringen, den Ball zwischen Zwei- und Vierbeinern hin und her zu schubsen. Eine Fußballmannschaft aufzustellen, die auch gezielt auf das gegnerische Tor schießt, ist bisher allerdings noch nicht gelungen. Besondere Herausforderungen für den Schubser sind Gegenstände, die sich nicht so gut bewegen lassen, z.B. das Schlafhäuschen, der Futternapf oder die Kaninchentoilette. Damit nicht ständig der ganze Käfig umgekrempelt wird, muss der Schubser sein Naturell ausleben können. Stellen Sie ihm deshalb immer genügend bewegliches Material zur Verfügung. Ein befüllter Heuball ist höchstes Schubserglück.

Futterbälle für Katzen machen Schubser glücklich. Sie können stundenlang schubsen.

Der Reißwolf

Das Hauptziel im Leben des „Reißwolfkaninchens" ist, alles möglichst schnell zu zerreißen und zu zerkleinern. Dabei kann das Objekt der Begierde z.B. das Telefonbuch, aber auch Bücher, Fotoalben, Zeitschriften und ähnliches Material sein. Pech, wenn Ihr Lieblingsreisetagebuch darunter ist – darauf kann der Reißwolf keine Rücksicht nehmen. Ist er nicht ausgelastet, kommt meistens die Tapete an die Reihe, die liebevoll von der Wand geschält wird. Um seine Aktivitäten in geordnete Bahnen zu lenken, sollten Sie ihm sein eigenes Telefonbuch oder anderes Material zum Zerfleddern zur Verfügung stellen. Die meisten Kaninchen fressen das zerfledderte Papier nicht auf, kleine Mengen wären auch nicht schädlich. Frisst das Kaninchen das Papier jedoch in größeren Mengen, müssen Sie den kleinen Schredder bremsen. Alternativ zu Telefonbüchern kann man dem Reißwolf auch gefüllte Pappkartons zur Verfügung stellen, die auch eine Futterüberraschung enthalten. Der Nachteil liegt eindeutig im Chaos, das der Reißwolf hinterlässt. Leider gibt es noch keine Putzerkaninchen, sie sollten jedoch dringend erfunden werden.

Kartons sind super Spielzeuge, denn man kann hineinklettern und sie in tausend Teile zerfetzen.

Klettermax und Klettermäxchen haben ihre eigene Hühnerleiter. Über die Rampe können sie selbstständig in ihren höhergelegenen Käfig klettern und brauchen kein Personal.

Der Klettermaxe

Besonders aufgeweckte, agile Kaninchen klettern gern. Diese Kaninchen sind oft aufgeschlossene Entdeckertypen mit einem forschen Charakter. Kaninchen sitzen gern auf erhöhten Plätzen, solange ein Busch oder der Kaninchenbau in der Nähe ist, um sich schnell vor Angreifern in Sicherheit zu bringen. Der Klettermaxe führt die Behauptung ad absurdum, Kaninchen würden sich auf dem Boden am wohlsten fühlen. Er sieht im Klettern eine Herausforderung, für ihn ist der Weg das Ziel. Neben dem Klettern genießt der Klettermaxe auch die Aussicht auf erhöhten Plätzen. Um seine Bedürfnisse zu befriedigen, muss man sich etwas einfallen lassen. Manchmal kommen Kaninchen gut mit kleineren Katzenkratzbäumen zurecht, weil sie verschiedene Ebenen haben, auf die die Kaninchen klettern können, ansonsten ist Erfindergeist gefragt. Zum Klettern eignen sich Körbe, Holzkisten, stabile Kartons oder auch verschiedene Etagen im Käfig; die Kaninchen können sie über kleine Rampen erreichen, die im Fachhandel erhältlich sind. Dabei ist es erstaunlich, wie mühelos die Kaninchen auch steile Rampen hinauf- und hinunterkommen. Der Klettermaxe liebt auch Körbchen mit einem erhöhten Rand, von denen aus er die Welt betrachten kann. Bei Gefahr duckt er sich einfach.

Der Knabberkönig

Der Knabberkönig bringt seinen Besitzer um den Verstand. Er muss alles mit seinen Zähnen untersuchen, doch dabei bleibt es meistens nicht. Ist das Objekt der Begierde erst einmal lokalisiert, wird so lange darauf herumgekaut, bis nichts mehr davon übrig bleibt. Alle Kaninchen sind mehr oder weniger ausgeprägte Knabberkönige. Sie brauchen es für ihr psychisches und physisches Wohlbefinden. Da sich der Knabberkönig in seinem Tun durch nichts aufhalten lässt, sollten ihm Alternativen geboten werden, bevor er sich an wichtigen Dingen vergreift.

Vorsicht, der Knabberkönig frisst den Holzübertopf gleich mit auf! Das kann er ruhig auch, solang das Holz unbehandelt ist und sich keine scharfkantigen Dinge daran befinden.

Spannende Alternativen schaffen

Dem Knabberkönig reicht es nicht, wenn er einen Kaustängel oder einen getrockneten Maiskolben vor die Nase gelegt bekommt. Seien Sie erfinderisch! Geben Sie dem Knabberkönig Futterspielzeuge, mit Stroh, Heu und Leckerli gefüllte Kartons, ausgestopfte Papprollen und Weidenbälle mit Knabbermaterial. Höhlen Sie Baumstümpfe aus und verstecken Sie leckere Sachen darin. Besonders junge Kaninchen sind sehr neugierig und erforschen gern ihre Umgebung. Wenn das Kaninchen keine sinnvollen Alternativen zum Knabbern hat, wird es sich langweilen. Und gelangweilte Kaninchen fangen an, sich durch Fensterrahmen, Stühle und Sofas zu fressen und sich langsam, aber sicher durch das gesamte Mobiliar zu knabbern.

Spieltyp ist seltener als die anderen, hat aber auch seine speziellen Bedürfnisse. Prinzessinnen lieben es, weiche Handtücher, Teppiche, Kissen und Kleiderstücke zu arrangieren, hin und her zu schieben oder zu einem großen Haufen aufzutürmen, um sich dann daraufzusetzen. Dabei fressen sie die Tücher und Kuscheldecken meistens nicht an, sie dekorieren die Dinge nur gern neu. Den Prinzessinnen kann man mit einer Sammlung aus Lappen, Handtüchern, Decken und Kissen große Freude machen. Die Tücher sollten allerdings nicht zu groß und schwer sein, damit das Kaninchen sie drapieren kann. Allerdings sollte man die Prinzessinnen im Auge behalten. Fangen sie an, Handtücher und Socken anzufressen, muss man das Spiel beenden, denn die Fasern sind unverdaulich und unbekömmlich.

Die Prinzessin auf der Erbse

Kaninchen, die sich gern auf dem Bett aufhalten oder im Badezimmer alle Handtücher zusammenscharren und sich darauf legen, sind typische Prinzessinnen auf der Erbse. Dieser

Der Rambo

Rambos sind keineswegs immer nur Rammler, man findet auch viele Exemplare unter den weiblichen Kaninchen. Sie brauchen widerstandsfähige Spielzeuge, an denen sie ihre

Aggressionen auslassen können. Rambos boxen, beißen, treten, kicken und knurren gern. Für den Rambo eignen sich Spielzeuge am besten, die zwar selbst unbeweglich sind, aber bewegliche Teile haben. Im Handel gibt es solche Spielzeuge für Papageien. Das sind Schaukeln, an denen verschiedene Holzkugeln, Ketten, Glöckchen etc. hängen. Bei der Auswahl dieser Spielzeuge muss man darauf achten, dass sie stabil genug sind. Wellensittichspielzeuge halten den Attacken der Rambos nicht stand. Diese Spielzeuge kann man auch selbst basteln, indem man Rasseln, Futterspielzeuge und Ringe an einem Brett oder Holz montiert und sie z.B. an der Käfigdecke befestigt. Kindermobiles eignen sich auch, allerdings bestehen sie meistens aus Kunststoff und werden von den Kaninchen schnell auseinandergenommen.

Entdeckerkaninchen finden jedes Futterversteck und sie lieben die Herausforderung.

Territorial und clever

Rambos werden häufig missverstanden und landen leider häufig im Tierheim. Sie werden dem Menschen gegenüber oft aggressiv und spätestens, wenn die Kinder gebissen wurden, kommen sie weg. Rambos sind oft Tiere, die ein ausgeprägtes Territorialverhalten an den Tag legen. Entgegen Kaninchengewohnheit verteidigen sie ihr Territorium rigoros und beißen und kratzen alle, die in ihr Revier eindringen. Das sollte man respektieren, wenn man mit so einem Kaninchen friedlich zusammenleben will. Ein Rambo, dem Verständnis entgegengebracht wird, ist ein angenehmer Zeitgenosse. Außerdem ist der Rambo meistens sehr intelligent und braucht Beschäftigung, Bewegung und geistige Anregung. Rambos sind sehr fordernde Charaktere, die bisweilen auch ganz schön anstrengend sein können.

Rambo räumt auf. Leider kollidiert der Ordnungssinn des Kaninchens oft mit dem des Menschen.

Futterball

Im Fachhandel werden Futterbälle aus Hartplastik angeboten. Obwohl sie aus Kunststoff sind – wir versuchen möglichst naturnahes Spielzeug für Kaninchen zu verwenden – erfüllen sie ihren Zweck. Und mehr als das: Wenn die Kaninchen begriffen haben, worum es geht, werden sie zu wahren David Beckhams, was die Ballführung angeht. Die einzige Schwierigkeit bei Verwendung dieser Futterbälle ist, die verstellbare Öffnung so zu gestalten, dass nicht zu viel und nicht zu wenig Futter herausfällt. Denn führt das Spiel mit dem Futterball nicht zum Erfolg, verlieren die Kaninchen das Interesse daran. Das Material besteht aus relativ hartem Plastik und bietet dem Kaninchen wenig Angriffsfläche, um darauf herumzukauen.

Eine sinnvolle Alternative zu Futterbällen ist der „Pipolino". Das ist eine Art Rolle mit verstellbaren Löchern, die eigentlich als Katzenfutterbeschäftigung gedacht ist. Sie kann aber auch wunderbar für Kaninchen verwendet werden. Durch die verstellbaren Futterlöcher ist der Pipolino für viele verschiedene Futtersorten geeignet. Außerdem kann man auch den Schwierigkeitsgrad erhöhen, indem man die Löcher verkleinert, sodass weniger Futter beim Schubsen und Drehen herausfallen kann. Man kann den Pipolino im Internet bestellen.

Weiden- und Heubälle

Im Zoofachhandel, in Gartencentern und Möbelgeschäften sind Weidenkugeln erhältlich. Sie sollen der Wohnungs- und Blumendekoration dienen, lassen sich jedoch wunderbar zu Futterbällen umfunktionieren. Wichtig ist, darauf zu achten, dass sie unbehandelt und vor allem nicht lackiert oder gebeizt sind und nur aus Weidenzweigen bestehen. Man kann die Weidenbälle mit Heu füllen und bei engmaschigeren sogar noch größere Stücke Trockenobst oder -gemüse untermischen. Die Kaninchen kullern die Weidenbälle genauso gern durch die Gegend wie den Plastikfutterball und können sie anschließend auffressen. Nach dem gleichen Prinzip kann man mit Graskugeln oder -nestern für Hamster und

Meerschweinchen verfahren. Achten Sie jedoch unbedingt darauf, dass sich keine gefährlichen Teile in den Futterbällen oder Heukugeln befinden. Manche dieser Produkte haben ein Drahtgerüst, an dem sich die Kaninchen verletzen können oder einen Plastikkern mit Glöckchen. Das Glöckchen ist nicht ganz ungefährlich, da es verschluckt werden und zu üblen Magen-Darm-Blockaden führen kann.

Metallbälle

Im Handel gibt es kleine Metallgitterbälle, in die man Heu oder große Futterstücke füllen kann. Meistens haben die Bälle eine kleine Metallkette, mit der man sie an der Käfigabdeckung aufhängen kann. Das motiviert die Hoppler, sich zu strecken oder auf Gegenstände zu springen, um an das Futter zu gelangen. Metallbälle können nicht angenagt werden und sind deshalb haltbarer als Weiden- oder Heubälle, die schnell zerlegt und aufgegessen werden. Allerdings muss man darauf achten, dass die Krallen der Kaninchen kurz geschnitten sind, denn mit zu langen Krallen können sie sich in den Gitterstäben verfangen und die Krallen abreißen.

Tolle Rollen

Futterbeschäftigung kann mit etwas Fantasie auch selbst gebastelt werden. Alte Toilettenpapier- oder Küchentuchrollen aus Karton eignen sich wunderbar als Futterversteck. Sie können mit Heu oder gröberen Futterstücken gefüllt werden. Genauso gut eignet sich eine ausgediente Brötchentüte aus Papier. Größere Obst- und Gemüsestücke können an einer Schnur über den Köpfen der Kaninchen aufgehängt werden. Naturnahe Materialien wie Tannenzapfen oder große Kiefernzapfen eignen sich gut zum Befüllen mit kleineren Trockenobststücken oder Kräutern. Daraus können wahre Kaninchenschlemmereien gebastelt werden. Die XXL-Rolle kann man aus einem alten Holznudelholz herstellen. Entfernt man die innenliegende Griffstange, erhält man einen Hohlraum, den man füllen kann. Das Holz kann benagt werden und vor allem Rambos, Knabberkönige und Schubser sind beglückt.

Über Spiel- und Klettermöglichkeiten freut sich jedes Kaninchen.

Recken, strecken, fressen. Futter motiviert auch die bequemen Kaninchen.

Erlebnisgastromonie – eine pendelnde Heusocke!
Sie lädt ein und bittet das Kaninchen zu Tisch.

Gestopfte Socken

Wenn Ihre Waschmaschine Socken frisst und
immer einzelne Socken im Haushalt auftauchen, die keinen Partner haben, gibt es dank
der Kaninchen eine sinnvolle Verwendung.
Stopfen Sie Heu, versehen mit Kräutern oder
Trockenfrüchten, in die Socken und schneiden
Sie ein kleines Loch hinein. Dann lassen Sie
etwas Füllmaterial aus der Socke heraus-
schauen und legen dieses Überraschungsei

in den Käfig oder hängen es auf. Es ist ein Rie-
senspaß für die Hoppler, sich das Futter aus
dem Socken zu zupfen. Das funktioniert in der
XL-Version bei einer großen Kaninchentruppe
auch mit einem alten Stoffbeutel, der aufgehängt wird. Daraus können sich dann mehrere
Kaninchen gleichzeitig mit Heu versorgen.

Sicherheit geht vor

Bei allen Spielsachen, ob gekauft oder selbst
gebastelt, sollte man stets darauf achten,
dass sie für Kaninchen sicher sind. Selbst naturnah aussehende Heubälle können sich als
gefährliche Zeitbomben herausstellen, wenn
sie einen Plastikkern oder Kleinteile enthalten, die die Kaninchen schlucken können und
die zu Darmblockaden führen. Außerdem bekommen Kaninchen fast alles klein – wenn
nicht mit den Zähnen, dann mit den Krallen –
und auch das schönste Spielzeug fällt ihnen
irgendwann zum Opfer. Was wir Zerstörungswut nennen würden, ist aus Kaninchensicht
allerdings reges Interesse für ihre Umwelt.

Rasseln, Hanteln, Kordeln

Bei vielen Händlern (z.B. just4bun) gibt es fer-
tiges Kaninchenspielzeug aus unbehandeltem
Holz und Baumwollseilen, das mit gepresstem
Heu, Fenchelsamen und Ähnlichem bestückt
ist. Das enthaltene Futter kann nach dem
Fressen zwar nicht mehr nachgefüllt werden,
doch das Spielzeug kann weiterhin verwendet
werden. Die Rasseln sind ebenfalls aus Holz
hergestellt und können im Gegensatz zu Plas-
tik- oder Metallzubehör gefahrlos benagt werden. Mit etwas Geschick und dem geeigneten
Werkzeug kann man Holzhanteln, Rasseln
und ausgehöhlte Futterkugeln natürlich selbst
herstellen. Im Wald finden sich genügend
Rohmaterialien.

Kaninchenspielzeug gibt es inzwischen vom Her-
steller, so wie diese kleine Holzhantel hier.

Besonders neugierige, junge Kaninchen lassen sich mit Entdeckungsreisen gut beschäftigen. Sie lieben es, ihre Umgebung zu erforschen und zu untersuchen.

Schachteln, Kartons und Rasselkisten

Diese Spielzeuge sind günstig, leicht herzustellen und können jederzeit kostengünstig wiederbeschafft werden. Schachteln können einfach ineinander gestapelt werden, ähnlich wie eine russische Puppe, bei der aus jeder Puppe wieder eine neue Puppe zum Vorschein kommt. Es reicht allerdings für den Entdecker nicht aus, nur Schachteln ineinander zu stapeln, ein bisschen mehr Anreiz muss schon sein. Die Schachteln können mit klappernden Trockenobst- oder Gemüsechips gefüllt und mit kleinen Löchern versehen werden, an denen die Kaninchen weiternagen können. Große Umzugskartons sind ebenfalls wunderbare Entdeckerspielzeuge. Sie können mit allerlei interessanten Sachen gefüllt und mit vielen Ein- und Ausgängen versehen werden.

Intelligenztests für Hunde

Für Hunde gibt es verschiedene Holzspielzeuge, bei denen durch Drehen einer Holzscheibe oder Entfernen eines Holzdeckels ein Leckerli entdeckt werden kann. Diese Spielzeuge können für Kaninchen zweckentfremdet werden. Es dauert zwar etwas länger, bis sie das Prinzip begriffen haben, aber dann kommen sie schnell ans Ziel. Viele Hundebesitzer haben solche Holzspielzeuge, die man mit ihnen tauschen kann, denn die Spielzeuge werden langweilig, sobald Hund beziehungsweise Kaninchen das Prinzip verstanden haben.

Sandkisten

Auch Sandkisten zum Buddeln kann man gut zu Entdeckerspielzeugen umbauen. Allerdings sind sie eher für den Garten geeignet, denn beim Buddeln fliegt viel Sand. Die Buddelkiste kann mit Möhren, Holzspielzeugen und anderen Dingen aufgewertet werden. Anstelle einer Buddelkiste können Sie Ihrem Kaninchen auch ein Möhrenbeet zum Selbsternten anlegen.

Gut versteckt

Hier steht das Relaxen im Vordergrund und gibt dem Kaninchen die Möglichkeit, sich zurückzuziehen und den Tag im Dämmerlicht dösend zu verbringen. Die Herausforderung für das Kaninchen kann bei den Verstecken darin bestehen, sich erst durch einen Tunnel zu graben, bevor es das Häuschen erreicht.

Häuschen, Schachteln, Tüten

Herkömmliche Kaninchenhäuschen aus Holz sind oftmals viel zu klein und zu uninteressant, um sie zu benutzen. Haben sie ein Flachdach, eignen sie sich aus Kaninchensicht allenfalls, um sich darauf zu legen oder um sie umzudrehen und durch die Gegend zu schieben.

Living in the Box
Besser geeignet sind große Pappkartons, möglichst mit mehreren Stockwerken und Etagen. Dazu eignen sich Umzugskisten oder auch Fertighäuschen, die aus den USA kommen, und ein echter Renner bei den Kaninchen sind.

Diese Papphäuschen sind erstaunlich stabil und halten auch Knabberattacken stand. Erfreulicherweise lassen sich die Einzelteile nachkaufen, wenn die Wände oder Zwischenböden von den Kaninchen bearbeitet wurden.

Alternativbauweisen
Temporäre Behausungen, die auf viel Freude bei den Mümmelmännern stoßen, können große Papiertüten, Weinkisten, umgedrehte Körbe, geflochtene Wäschekörbe und Ähnliches sein. Vielleicht ist bei Ihrem alten Einkaufskorb der Henkel abgebrochen? Nicht weiter schlimm, Ihr Hoppler dankt es Ihnen, wenn Sie ihn in einer Zimmerecke aufstellen. Entweder richtig herum zum Reinspringen oder falsch herum. Dann braucht der Korb allerdings noch einen Eingang, damit das Kaninchen darunterkriechen kann. Vermutlich wird der Eingang schnell erweitert und vielleicht kommen noch ein paar Fenster hinzu.

Platz ist in der kleinsten Hütte, man muss es den Kaninchen nur schmackhaft machen. Und wenn sie ihre Liebe für außergewöhnliche Immobilien erst einmal entdeckt haben, finden sie immer wieder neue.

Zirkusnummern

Über Stock und über Stein

Kaninchen überwinden relativ problemlos kleine Hindernisse. Sie können Ihrem Kaninchen entweder eine kleine Rampe bauen oder es veranlassen, über einen kleinen Karton oder einen dickeren Ast zu springen. Halten Sie dazu einen Leckerbissen vor Kaninchens Nase, wenn es vor dem Baumstamm sitzt. Führen Sie den Leckerbissen langsam über den Baumstamm. Das Kaninchen wird dem Leckerbissen zunächst langsam, mit fortschreitendem Lernerfolg schneller folgen. Sagen Sie dabei „Hopp" oder etwas Ähnliches. Damit das Kaninchen zügig über den Baumstamm springt und nicht mühsam darüberkraxelt, müssen Sie Ihre Hand mit dem Leckerbissen etwas schneller bewegen. Füttern Sie den Leckerbissen immer nur auf der gegenüberliegenden Seite des Stammes. Wenn Ihr Kaninchen den Trick nicht ausführt oder sich abwendet, bestrafen Sie es nicht und ignorieren das Verhalten, auch wenn Sie sich ärgern. Vielleicht möchte Ihr Kaninchen im Moment lieber schlafen oder sich putzen. Versuchen Sie es zu einem späteren Zeitpunkt

noch einmal. Dehnen Sie die Trainingseinheiten nicht zu lange aus. Länger als ein paar Minuten kann sich kein Kaninchen konzentrieren. Wenn ein Trick beim letzen Mal gut geklappt hat und heute überhaupt nicht funktionieren will, gehen Sie in Ihrem Trainingsprogramm lieber wieder einen Schritt zurück. Das sorgt für Erfolgserlebnisse, sowohl bei Ihnen als auch bei Ihrem Kaninchen.

Männchen machen

Männchen machen ist eine leichte Übung, die man dem Kaninchen relativ schnell beibringen kann. Generell sind die Tricks am leichtesten, bei denen man natürliche Bewegungsabläufe des Tieres mit einem Signal verknüpft. Kaninchen recken sich in die Höhe, um an besondere Leckerbissen über ihrem Kopf zu gelangen und setzen sich dabei auf ihren Po – sie machen Männchen. Nehmen Sie einen Leckerbissen und halten Sie ihn Ihrem Kaninchen vor die Nase. Führen Sie ihn langsam in die Höhe. Das Kaninchen wird sich danach strecken, um den Leckerbissen zu ergattern.

Sobald das Kaninchen auf dem Po sitzt, belohnen Sie das Verhalten sofort mit dem Leckerbissen. Dabei sagen Sie „Männchen" oder etwas Ähnliches. Das Hörzeichen sollte so kurz
und prägnant wie möglich sein und Sie sollten
dieses Wort möglichst nur im Zusammenhang
mit diesem Trick gebrauchen. Wiederholen
Sie die Übung mehrmals. Bald wird sich das
Kaninchen aufrichten, sobald es einen Leckerbissen wittert. Es hat verstanden, dass es
Männchen machen muss, um belohnt zu werden. Im nächsten Schritt führen Sie Ihre Hand
ohne Leckerchen über die Nase des Kaninchens. Macht es Männchen, geben Sie ihm die
Belohnung aus der anderen Hand.

Ab ins Körbchen

Dieser Trick eignet sich hervorragend, um den
Kaninchen die Transportbox schmackhaft zu
machen. Manchmal lässt es sich nicht vermeiden, ein Kaninchen zu transportieren, sei
es zum Tierarzt, um zu verreisen oder das Tier
bei Nachbarn unterzubringen. Dabei ist es
meistens zu umständlich, den ganzen Käfig
mitzuschleppen. Wird die Transportbox nur für
den ungeliebten Tierarztbesuch genutzt, verbindet das Kaninchen die Box mit etwas Unan-
genehmen, wie etwa Krallen schneiden oder
geimpft werden. Wenn Kaninchen die Transportbox mit einem negativen Erlebnis verknüpfen, ist es schwierig, sie in Zukunft zu
überreden, in die Box zu gehen. Ich bekomme
in meiner Praxis immer wieder geschildert,
was für ein Kampf es ist, das Tier in die Box zu
verfrachten. Umso frustrierter sind die Kaninchenbesitzer, wenn die Kaninchen nach der
Behandlung nichts Eiligeres zu tun haben, als
in die verhasste Box zu hoppeln. Auch ein Kaninchen kann von zwei Übeln, nämlich dem
Tierarzt und der Box, das kleinere wählen.

Männchenmachen ist ganz einfach, denn Kaninchen zeigen dieses Verhalten von allein.

Was ist denn das für ein Ding? Vorsichtig wird die Transportbox untersucht.

Mal sehen, ob es dort etwas zu Fressen gibt. Ein paar Leckerchen wirken sehr einladend.

Ganz schön gemütlich, die Höhle. Schade, dass man sie nicht um ein paar Gänge erweitern kann.

Langsame Gewöhnung

Zunächst soll Ihr Kaninchen mit der Transportbox vertraut werden. Stellen Sie diese einfach geöffnet auf den Boden und lassen Sie Ihrem Kaninchen Zeit, das Ding zu inspizieren. Die Box bleibt zunächst geöffnet stehen, als wäre sie ein neues Möbelstück. Dann setzen Sie sich neben die Box und locken Ihr Kaninchen mit Leckerbissen vor den Eingang oder sogar schon in die Box. Kaninchen empfinden die Boxen per se nicht als unangenehm, denn sie erinnert an eine Höhle, in der Kaninchen gern sitzen. Legen Sie immer wieder Leckerbissen in die Box, die das Kaninchen fressen darf. Wenn Sie das Kaninchen mit dem Leckerbissen hineinlocken, sagen Sie „Box" oder geben ein ähnliches Hörzeichen. Das funktioniert anfangs nur, wenn Sie und Ihr Kaninchen sich direkt vor der Box befinden. Sobald das gut funktioniert, entfernen Sie sich ein bisschen vom Eingang und locken Ihr Kaninchen wieder mit stimmlichem Signal und Leckerbissen in die Box.

Lässt sich Ihr Kaninchen nicht gern einfangen, können Sie diesen Trick in abgewandelter Form dazu nutzen, es ohne große Fangaktionen abends in seinen Käfig zu befördern. Es wäre doch sehr angenehm, wenn Sie nicht unterm Sofa nach ihm angeln müssten, oder?

Kaninhop

Man kann für Kaninchen einen Parcours aufbauen und ihnen beibringen, verschiedene Hindernisse zu überwinden, durch Röhren zu kriechen oder über eine Wippe zu laufen. Wer ehrgeizig ist und ein besonders begabtes Kaninchen hat, kann auch an „Kaninhop"-Wettbewerben teilnehmen, bei denen allerdings nur über Hindernisse gesprungen wird, ähnlich wie bei einer Springpferdeprüfung. Kaninhop kommt ursprünglich aus Schweden und Dänemark und wurde von norddeutschen Kaninchenzüchtern übernommen, die mittler-

Um über diesen Sprung zu kommen, muss das Kaninchen richtig Gas geben.

weile sehr erfolgreich große Kaninhop-Wettbewerbe veranstalten. Beim Kaninhop gibt es
verschiedene Disziplinen, wie die gerade Hin-
dernisbahn, Hoch- und Weitsprung kombiniert
und den nummerierten Hindernisparcours.
In diesen Klassen gibt es wiederum verschiedene Schwierigkeitsstufen. Da Kaninchen als
Heimtiere sehr beliebt sind, wird sich das
Kaninhop sicherlich bald in ganz Deutschland
etablieren. Die Kaninchen überwinden die Hindernisse an der Leine. Dazu müssen sie zuerst an das Brustgeschirr gewöhnt werden.
Wichtig ist jedoch bei allen Fitnesshindernis-
sen, dass die Tiere niemals zu etwas gezwun-
gen oder gar bestraft werden, wenn sie nicht
mitmachen wollen oder unkonzentriert sind.

Stress beim Wettbewerb

Allerdings sind Kaninhop-Wettbewerbe unter
Tierschützern sehr umstritten. Da Kaninchen sehr stressanfällige Tiere sind, bedeutet
schon allein der Transport zu den Wettbewer-
ben Stress für die Tiere. Auch große Men-
schenmassen und lautes Getöse sind nicht
nach Kaninchens Geschmack. Die einzelnen
Kaninhop-Hindernisse werden hier dennoch
vorgestellt, da sie auch zu Hause viel Spaß
machen und für Fitness und Abwechslung
sorgen.

Die Mauer

Ein leichtes Hindernis ist die Mauer. Sie kann
aus einem Ziegelstein oder einem größeren,
flachen Stein bestehen. Die Höhe der Mauer
sollte anfangs ungefähr 10 cm betragen, sodass das Kaninchen noch sehen kann, was
sich auf der anderen Seite befindet. Setzen Sie
das Kaninchen auf die eine Seite der Mauer
und halten Sie ihm seinen Lieblingsleckerbissen vor die Nase. Führen Sie diesen langsam
über die Mauer und deponieren ihn auf der
anderen Seite. Je nach Naturell Ihres Tieres
passiert entweder gar nichts, d.h. das Kaninchen bleibt desinteressiert sitzen, oder es
springt hinterher, um den Leckerbissen zu ergattern. Seien Sie nicht enttäuscht, wenn Ihr
Kaninchen nicht gleich loshüpft. Es muss sich
erst an die neue Situation gewöhnen. Vor allem Tiere, die jahrelang ohne geistige Anregung in einem Käfig gehalten wurden, brauchen eine Weile, bis sie ihr Gehirn einsetzen.
Sie sind ein wenig eingerostet. Funktioniert es
nicht, können Sie das Kaninchen vorsichtig
über die Mauer heben und es auf der anderen
Seite mit dem Leckerli füttern. Wichtig ist,
dass Sie die Sprungübungen zunächst nur in
eine Richtung machen und Ihrem Kaninchen
den Leckerbissen erst geben, wenn es auf der
anderen Seite der Mauer angekommen ist.

Um die Mauer herumhoppeln gilt nicht! Ein weiterer Anreiz, die ersten Springversuche zu wagen, ist der Käfiggenosse, der auf der anderen Seite der Mauer wartet. Sie sollten jedoch immer nur mit einem Tier üben.

Der Steilsprung

Bei diesem Hindernis ist die Fantasie des Parcoursbauers gefragt. In besonders begabten Bastlerfamilien wird sich sicher jemand finden, einen richtigen Sprung mit seitlichen Ständern und zwei bis drei bunten Stangen zu basteln – genau wie ein Hindernis für Pferde, nur viel kleiner. Haben Sie keinen geübten Bastler in der Familie, reichen auch zwei kleinere Blumentöpfe, auf die man die Stange legt. Man kann dazu Sitzstangen für Vogelkäfige verwenden, die in verschiedenen Stärken und Längen im Zoofachgeschäft erhältlich sind. Bei den ersten Versuchen ist es am besten, wenn man sich kleine Vierkanthölzer aus dem Baumarkt besorgt, weil diese nicht so schnell von den Blumentöpfen herunterrollen, wenn das Kaninchen sie berührt. Das Kaninchen soll das Hindernis schließlich ohne Abwurf der Stangen bewältigen. Bei Fortge-

schrittenen kann man zu runden Stangen übergehen, um den Schwierigkeitsgrad des Sprungs zu erhöhen. Auch hier gilt das gleiche Prinzip wie bei der Mauer: Niemals Druck ausüben, und wenn Hoppel heute keine Lust hat, klappt es vielleicht morgen besser.

So klappt das Training

Das Kaninchen wird wie bei der Mauer auf die eine Seite des Sprungs gesetzt und mit Leckerbissen auf die andere Seite gelockt. Sprungverweigerer oder Desinteressierte kann man auch über den Sprung heben und sie sanft auf ein Kissen hinter dem Sprung plumpsen lassen, um ihnen zu demonstrieren, dass der Sprung nicht wehtut.

Grundsätzlich sind die Kaninchen am besten mit Leckerbissen zu motivieren. Das funktioniert bei einem satten Kaninchen, das gerade einige Stängel seiner Lieblingspetersilie gefressen hat, nicht besonders gut. Sie sollten den kleinen „Sportlern" möglichst nur beim Training Leckerbissen anbieten und bei der normalen Fütterung darauf verzichten. Es kann auch sinnvoll sein, etwas restriktiv zu füttern, um bessere Trainingsergebnisse zu

Widder haben es nicht ganz so eilig. Der Sprung wird anviesiert und bedächtig gesprungen.

So, Sprung geschafft! Jetzt gibt es erst mal ein Päuschen!

erzielen. Das hat nichts mit Tierquälerei zu tun. Die Tiere bekommen einfach weniger Fertigfutter und müssen sich vermehrt von Heu ernähren. Das entspricht den normalen Ernährungsbedürfnissen und motiviert die Tiere, sich im Training anzustrengen.

Ein geübtes Kaninchen überwindet mühelos eine Höhe von 70 cm im Steilsprung. Diese Höhe entspricht der „Eliteklasse" beim Kaninhop und bedeutet, dass Ihr Kaninchen, ähnlich wie ein Springpferd, die höchsten Hindernisse überwinden kann.

Der Weitsprung

Man kann einen Weitsprung bauen, indem man entweder zwei Steilsprünge hintereinander aufstellt oder zwei Steine hintereinander legt und die Vierkanthölzer beziehungsweise Holzstangen darauf deponiert. Wichtig ist, dass die Höhe zu Beginn sehr niedrig gewählt wird, denn die Kaninchen sollen sich beim Sprung strecken. Der Weitsprung ist ein Hindernis für fortgeschrittene Kaninchen. Als Besitzer muss man darauf achten, dass man sein Kaninchen nicht überfordert, denn es soll keinesfalls hängen bleiben und sich verletzen.

Springunfälle können dazu führen, dass das Kaninchen die Lust verliert oder Angst vor den Hindernissen bekommt.

Die Wippe

Die Wippe ist für geschickte Kaninchen und fordert Gleichgewichtssinn. Besonders ängstliche Kaninchen verweigern die Wippe oft. Dieses Hindernis lässt sich ganz leicht bauen. Ein beliebig langes, stabiles Brett wird auf einen runden Klotz oder ein Rundholz genagelt und zwar genau in der Mitte. Je größer der Durchmesser des Klotzes ist, desto größer ist die Kippwirkung der Wippe.

Zunächst setzen Sie das Kaninchen auf die Wippe, und zwar genau in die Mitte, sodass diese ausbalanciert ist, streicheln es und reden beruhigend auf Ihr Tier ein. Wenn sich das Kaninchen mit dem wackligen Ding angefreundet hat, lassen Sie es von der Wippe laufen. Haben sich die Tiere daran gewöhnt, können Sie das Kaninchen mit einigen Futterbissen über die Wippe locken. Achten Sie darauf, dass sich die Tiere nicht erschrecken.

Ganz schön anstrengend, so ein Parcours. Doch nun ist er zur Höchstform aufgelaufen und überspringt ein Hindernis nach dem anderen mit Bravour! Vielleicht sorgen die Ohren auch für Auftrieb?

Die Holzrampe

Eine Holzrampe kann man in vielen Zoofachgeschäften als Einrichtungsgegenstand kaufen. Es ist eine Rampe, auf der einige Tritt-
bretter angebracht sind, damit die Tiere beim
Klettern Halt haben und nicht abrutschen. Sie
ist in Form eines umgekehrten V oder als Brücke erhältlich. Die Holzrampe findet man in
vielen Kaninchenkäfigen, denn die Tiere sitzen
gern erhöht und klettern gern darauf herum.
Daher ist es auch nicht schwer, das Kaninchen
mit dem Gerät vertraut zu machen. Auch hier
arbeitet man am besten mit Leckerli. Man
kann z.B. ein Petersiliensträußchen auf die
Brücke legen oder über der höchsten Stelle
der Rampe anbringen. Die Tiere lernen schnell,
dass sie an die Belohnung kommen, wenn sie
auf die Rampe klettern.

Die Röhre

Die meisten Kaninchen lieben die Röhre. Oft
halten sie sich jedoch lieber darin auf, als flott
hindurchzuhoppeln. Meistens legt das Kaninchen in der Röhre eine Pause ein, um sich
auszustrecken und ein Nickerchen zu machen.
Seien Sie also nicht allzu enttäuscht, wenn
das Kaninchen zwar in die Röhre krabbelt,
aber relativ lange braucht, bis es wieder zum
Vorschein kommt. Als Röhren kommen eine
Vielzahl von Dingen infrage, die sich zweck-
entfremden lassen. In Zoofachgeschäften gibt
es inzwischen Röhren aus flexiblem Material,
die von den Kaninchen gern angenommen
werden. Es eignen sich aber auch Regenrinnen aus Kunststoff, Gießröhren für frisch
gepflanzte Bäume und Tonabflussröhren –

Das nenne ich Zimmerservice! Man reiche mir buntes Knabberzeug in meine Röhre!

Auch im Wohnzimmer kann man für Abwechslung sorgen. Wer darf zuerst über die Korkbrücke?

eigentlich alles, was rund ist und vom Durchmesser groß genug, damit das Kaninchen bequem hindurchpasst. Verwendet man Materialien aus Kunststoff, muss das Kaninchen unter Beobachtung stehen, damit es nicht daran herumnagen kann. Der Nachteil von Regenrinnen ist, dass sie ziemlich glatt und rutschig sind und innen nach Möglichkeit aufgeraut werden sollten. Spieltunnel aus Kunststoff falten sich häufig von allein zusammen, wenn sie nicht festgebunden oder anderweitig stabilisiert werden.

Fitnessparcours für Kaninchen

Alle oben beschriebenen Hindernisse kann man zu einem regelrechten Fitnessparcours kombinieren. Man sollte jedoch bedenken, dass sich die Tiere nicht besonders lang konzentrieren können und die Anforderungen nicht zu hoch schrauben. Zu Beginn sollten alle Hindernisse einzeln trainiert und erst dann kombiniert werden, wenn das Kaninchen sie mühelos beherrscht. Auch wenn Ihr Kaninchen alle Hindernisse prima einzeln meistert,

kann es mit der Kombination verschiedener Hindernisse überfordert sein oder die Übung schnöde beenden, wenn es sich nicht mehr konzentrieren kann.

Die besten Trainingszeiten

Kaninchen sind dämmerungsaktive Tiere. Das heißt, dass sie besonders in den frühen Morgen- und Abendstunden zur Höchstform auflaufen. Daher trainiert man am besten währenddessen mit den Kaninchen. Das kommt natürlich auch den Berufstätigen entgegen, die nach der Arbeit ein bisschen Ruhe und Entspannung bei Kaninchenfitness finden. Es kann vorkommen, dass Kaninchen zu bestimmten Jahreszeiten besonders unkonzentriert sind. Viele Kaninchen verändern während der Fortpflanzungssaison ihr Verhalten, wenn sie nicht kastriert sind. Wundern Sie sich also nicht, wenn Ihr Kaninchen im Winter wie ein Weltmeister mitmacht, in den Sommermonaten jedoch nur wenig Interesse an den Hindernissen zeigt. In der Paarungszeit sind nun mal andere Dinge wichtiger.

Probleme und Beziehungskrisen

Streitereien mit Artgenossen

Kaninchen sind kleine Persönlichkeiten: Die einen sind neugierig, anhänglich und verschmust, die anderen sind kleine Angsthasen, die am liebsten in Ruhe gelassen werden, und wiederum andere sind wahre Kratzbürsten, die mit schlechter Laune und Attacken reagieren. In diesem Kapitel erfahren Sie anhand von vielen Fallbeispielen, warum Kaninchen so reagieren, wie sie reagieren, und dass die meisten „Probleme" auf ganz natürliches Kaninchenverhalten zurückzuführen sind.

Warum Kaninchen streiten

Im Kaninchenleben gibt es verschiedene Gründe, um aggressives Verhalten an den Tag zu legen: Das Kaninchen verteidigt sein Futter, sein Territorium oder verhält sich gegenüber anderen Kaninchen aggressiv, um das eigene Überleben und das der Nachkommen zu sichern. Angst kann ebenso ein Grund für aggressives Verhalten sein wie mütterliche Instinkte. Schließlich können Kaninchen wegen chronischer Schmerzen aggressiv reagieren

oder weil sie ihre Frustration abbauen müssen – dies bezeichnet man als umgeleitete Aggression. Es ist in etwa so, als hätte man einen Tag im Büro gehabt, an dem alles schiefging, und dann seinen Ärger am Nachbarn auslässt, der einem gerade über den Weg gelaufen ist.

Aggressives Verhalten zeigen sowohl männliche als auch weibliche Tiere. Eine Kastration bessert aggressives Verhalten häufig, ist aber nicht das Allheilmittel aller Probleme und bietet auch keine Garantie.

Ursachen

Aggressives Verhalten kann angeboren sein. Kaninchen bekommen es sozusagen mit in die Wiege gelegt. Diese angeborenen Instinkte sichern ihnen das Überleben, deswegen verteidigen Kaninchen ihr Futter, ihr Territorium oder ihre Nachkommen. Es kann jedoch auch erlernt sein, das heißt, dass das Kaninchen ein aggressives Verhalten gezeigt hat und mit diesem Verhalten Erfolg hatte. Kaninchen können enorme Lernleistungen vollbringen, da sie ein hervorragendes Gedächtnis besitzen. Das macht es aber auch sehr schwer, unerwünschtes Verhalten zu ändern oder Kaninchen anders zu konditionieren. Wenn ein Kaninchen beispielsweise der Meinung ist, dass Männer gefährlich seien, weil es entsprechende Erfahrungen in seiner Prägungsphase gemacht hat, ist es sehr schwierig, es vom Gegenteil zu überzeugen.

Bonny und Clyde – Beziehungskrise mit neuem Partner

Bonny und Clyde waren zwei Kaninchen, die zusammenlebten und sich gut verstanden. Clyde musste leider im Alter von sechs Jahren eingeschläfert werden. Damit Bonny nicht allein bleiben musste, übernahm die Familie von Bekannten ein junges, kastriertes Männchen. Sie kauften einen zweiten Käfig, stellten die Käfige nebeneinander und setzten das Männchen namens Schnuffel in den neuen Käfig.

Die beiden lernten sich durch die Gitterstäbe kennen und schienen sich zu mögen, denn sie lagen in den getrennten Käfigen nach einiger Zeit nebeneinander. Beim ersten gemeinsamen Freilauf in der Küche jagte Bonny Schnuffel, riss ihm Fell aus und spielte verrückt. Der arme Kerl wurde aufs Übelste zugerichtet und hat sich verängstigt versteckt. Als beide wieder in ihrem Käfig saßen, war die Welt wieder in Ordnung. Jetzt haben die beiden getrennt Freilauf, aber das ist nicht der Sinn der Sache.

Bonnys Revier

Die Küche ist vermutlich ein Raum, in dem sich Bonny bereits zuvor aufgehalten hat. Sie hat diesen Raum als ihr Territorium markiert und betrachtet Schnuffel als Eindringling. Solange er sich in einem anderen Käfig befindet, ist für Bonny alles in Ordnung. Schnuffel dringt nicht in ihr Territorium ein, also besteht auch kein Grund, ihn zu verjagen oder sich aufzuregen. Deswegen liegen die beiden Kaninchen durch die Gitterstäbe getrennt beieinander.

Gewöhnung auf neutralem Gebiet

Eine „Familienzusammenführung" sollte unbedingt auf neutralem Boden stattfinden. Dazu wählt man einen Raum oder einen großen Auslauf auf dem Balkon oder im Garten, wo das „alte" Kaninchen noch keine Gelegenheit hatte, Duftmarken zu hinterlassen. Dieses unmarkierte Gebiet gehört nun von Anfang an beiden Kaninchen. Bonny wird sich durch die fehlenden Duftmarken verunsichert fühlen. Wichtig ist, dass die beiden Kaninchen genügend Platz haben, um sich aus dem Weg zu gehen und aus dem Sichtfeld des jeweils anderen zu verschwinden. Dazu stellt man Pappkartons auf, aus denen Eingangslöcher geschnitten wurden, verteilt Leckerbissen, Futter und Spielzeug. Das hilft den Kaninchen, positive Eindrücke vom jeweils anderen zu bekommen, denn sie verbinden die Gegenwart des anderen mit Spielzeugen oder Leckerbissen.

Ein großer Auslauf im Garten eignet sich prima zur „Familienzusammenführung".

Auch wenn die Fetzen fliegen

Bonny wird Schnuffel sicherlich jagen und ihm nachsetzen. Solange das in geregelten Bahnen verläuft, sollte man die beiden gewähren lassen und nicht eingreifen, auch wenn Bonny sich nicht gerade freundlich verhält. Wenn sich die beiden aus dem Weg gehen können und Schnuffel aus Bonnys Sichtfeld verschwinden kann, wird Bonny ihre Aufmerksamkeit bald den Leckerbissen zuwenden. Selbst wenn man das Gefühl hat, es könnte besser klappen, wiederholt man das Prozedere täglich, meistens gewöhnen sich die Tiere aneinander. Zusätzlich kann man das „fremde" Kaninchen, auch wenn es eklig klingt, mit etwas verschmutzter Streu des „ersten" Kaninchens einreiben. Das lässt es vertraut riechen. Jemand, der wie ein Rudelmitglied riecht, weil er durch eigenen Duft markiert wurde, wird nicht so schnell als Eindringling verjagt.

Selbst wenn sich die beiden relativ gut aneinander gewöhnt haben, kann es zwischendurch zu Rangeleien kommen. Vor allem in der Brunstsaison kann sich Bonny aggressiver und besitzergreifender gegenüber Schnuffel aufführen. Bei Schnuffel spielen die „Hormone" keine große Rolle, denn er ist kastriert. Es ist normal, dass es zwischen zwei oder mehreren Kaninchen zu Streit kommen kann. Dieser dreht sich um einen besonders begehrten Liegeplatz oder um einen Leckerbissen. Schreiten Sie bei kleineren Auseinandersetzungen nicht ein, sondern lassen Sie die beiden die Situation allein klären. Nur wenn es eskaliert und ein Kaninchen blutende Bisswunden davonträgt, sollten Sie die beiden Raufbolde trennen.

Gemeinsamer Käfig

Nachts sollten die beiden getrennt untergebracht werden. Wenn die Familienzusammenführung gut funktioniert hat, kann man versuchen, die beiden in einen Käfig zu setzen. Dabei gehen Sie im Prinzip genauso wie bei der Eingewöhnung an den Auslauf vor. Wahrscheinlich wird es ratsam sein, die Haltung in getrennten Käfigen beizubehalten, weil ein einzelner Käfig meist zu klein für zwei Kaninchen ist.

Bei der Eingewöhnung jagen sich die Kaninchen zunächst im Kreis, bis die Rangordnung geklärt ist.

Oh, ein kleiner Snack! – Dabei kann man schon mal vergessen, dass man den neuen Kumpel doof findet.

Alles Chefsache

Kaninchen sind Rudeltiere. Auch wenn sie zu zweit oder allein leben, wird ihr Rudel vom Menschen ersetzt. In einem Rudel gibt es eine klare Hierarchie, an die sich die Kaninchen halten oder versuchen, diese durch Rangordnungskämpfe zu verändern. Nun ist es nicht so, dass diese Hierarchie für immer und ewig bestehen bleibt, sondern sie kann sich im Lauf des Lebens verändern. Deshalb kann es zu Auseinandersetzungen zwischen Kaninchen kommen, die sich über lange Zeit gut verstanden haben. Das Verhalten ist normal, und man sollte nach Möglichkeit nicht eingreifen. Endet es allerdings mit blutigen Bisswunden, muss man die Situation klären oder beenden. Häufig haben wir Mitleid mit dem unterlegenen Tier und versuchen beide Kaninchen gleich zu behandeln, um gerecht zu sein. Aus Sicht eines Rudeltieres ist die Situation sehr unbefriedigend, denn es ist so, dass das dominante Tier gewisse Vorrechte hat. Der Chef darf zuerst fressen, nimmt sich die be-

sonders leckeren Sachen aus der Futterschüssel und rammelt auf dem subdominanten Tier, selbst wenn es sich um ein weibliches Kaninchen handelt.

Thelma und Luise

Thelma und Louise sind zwei Häsinnen, die als Geschwister im Zoofachgeschäft gekauft wurden. Im Lauf der Zeit haben sich die beiden sehr unterschiedlich entwickelt. Inzwischen zweifeln die Besitzer daran, ob es sich tatsächlich um zwei Häsinnen handelt, denn Thelma ist wesentlich größer und schwerer als Louise, und seit Neustem rammelt sie auf Louise herum. Die beiden sind ein knappes Jahr alt und haben dieses Verhalten zuvor nicht gezeigt. Außerdem jagt Thelma Louise nun durch den Käfig, während Louise vor ihr flüchtet und sich im Häuschen versteckt. Die Besitzer stellten nun die Frage, ob Thelma nicht doch ein Rammler sei, woher das Verhalten komme und wie sie es abstellen könnten.

Bei den Beiden ist die Rangordnung geklärt: Der Dominante frischt die Erinnerung lieber noch mal auf.

Geschlechterbestimmung

Zuerst sollte man feststellen, ob Thelma tatsächlich ein Rammler ist. Bei einem Kaninchen mit fast einem Jahr müsste man die Hoden bei einem Rammler gut erkennen. Die Hoden sind zwei längliche, meist schütter behaarte Gebilde, die sich in der Leistengegend neben der Geschlechtsöffnung befinden. Das Problem ist, dass Kaninchen ihre Hoden gut in die Bauchhöhle ziehen können und das meistens dann tun, wenn sie umgedreht werden, damit man nachsehen kann. Wenn man sich nicht sicher ist, sollte man den Tierarzt oder einen Kaninchenzüchter aufsuchen und von einem Fachmann feststellen lassen, welches Geschlecht die Kaninchen haben. Wenn Thelma ein Rammler ist, sollte er kastriert werden, damit man nicht bald einen Stall voller Kaninchen hat. Mit einem Jahr sind Kaninchen bereits in der Lage, sich fortzupflanzen und selbst wenn der Deckakt nicht beobachtet wird, heißt das leider nicht, dass noch nichts passiert ist. Der eigentliche Deckakt ist eine kurze Angelegenheit und es kann bereits zu einer Befruchtung gekommen sein.

Dominante Häsinnen

Wenn Thelma jedoch eine Häsin ist, lässt ihr Verhalten auf geschlechtsgebundenes Dominanzverhalten schließen. Der Chef darf den Untergebenen berammeln, selbst wenn der Chef weiblich ist.

Falls das Dominanzverhalten schlimmer wird und Louise nur noch von Thelma unterdrückt wird, sollte man sich überlegen, Thelma kastrieren zu lassen. Dieser Eingriff ist beim weiblichen Tier zwar aufwendiger als bei Rammlern, kann jedoch dennoch durchgeführt werden.

Beide Häsinnen kastrieren

Das geschlechtsgebundene Dominanzverhalten zwischen zwei weiblichen Kaninchen kann ein echtes Problem sein und um zu vermeiden, dass die Tiere lebenslang getrennt leben müssen, sollte man eine Operation in Erwägung ziehen. In anderen Ländern, zum Beispiel in England, werden weibliche Kaninchen routinemäßig kastriert, um diesem Verhalten vorzubeugen.

Angenommen, Thelma ist eine Häsin und man lässt sie kastrieren, kann es allerdings passieren, dass nach der Operation Louise die Oberhand gewinnt und sich über Thelma hermacht. Ein unkastriertes Tier ist einem Kastraten gegenüber immer dominanter und es kann sein, dass Louise zukünftig Thelma jagt und berammelt. Deshalb wäre es sinnvoll, beide Tiere kastrieren zu lassen. Geschlechtsgebundenes Dominanzverhalten ist unter Häsinnen ausgeprägter als unter Rammlern und kann dazu führen, dass die Tiere üble Bissverletzungen davontragen. Man kann die Situation entschärfen, indem man den Tieren mehr Platz bietet. Wenn Kaninchen ausreichend Platz haben, um sich aus dem Weg zu gehen, werden die Attacken meistens seltener und die Tiere verstehen sich besser. Ein herkömmlicher Kaninchenkäfig ist für zwei Tiere oftmals zu klein. Man sollte daher überlegen, die beiden entweder draußen in einem großen Auslauf zu halten oder einen zweiten Käfig anzuschaffen, in den sich die Tiere vorübergehend zurückziehen können. Jedes Kaninchen sollte zudem über ein eigenes Häuschen verfügen. Wenn Thelma größer ist als Louise, können Sie für Louise ein Häuschen kaufen oder anfertigen, durch dessen Öffnung die große dicke Thelma nicht mehr passt, und in dem Louise sicher ist und sich zurückziehen kann.

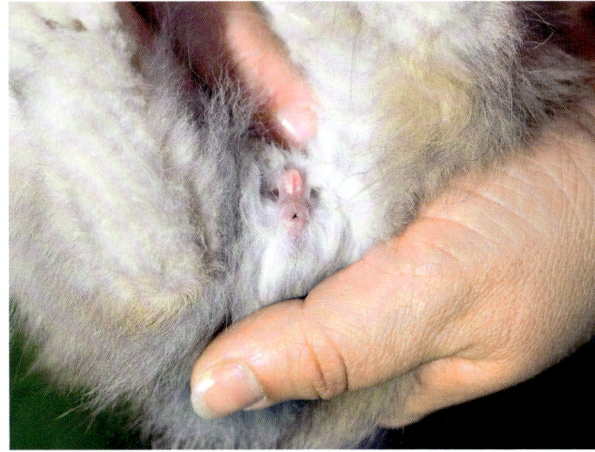

Weibliches Kaninchen: Die Geschlechtsöffnung ist schlitzförmig und liegt direkt neben dem After.

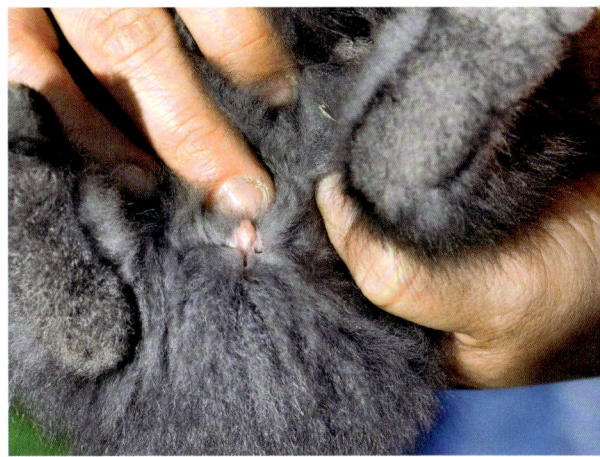

Männliches Kaninchen: Man kann den Penis aus der Geschlechtsöffnung ausstülpen.

Kahle Stellen beim Kaninchen – zum Haareraufen

Babette und Buster sind zwei Zwergkaninchenmischlinge, die seit ungefähr fünf Jahren zusammenleben. Es ist ein Pärchen, beide Tiere sind kastriert. Babette, das weibliche Tier, hat neuerdings angefangen, ihr Fell auszureißen. Sie rupft es sich an den Flanken aus und scheint es zu fressen, da keine Haare im Käfig zu finden sind. Sie rupft es nur am Rücken und an den Seiten aus, ihre Wamme lässt sie in Ruhe. Aufgrund der Kastration müsste eine Scheinträchtigkeit auszuschließen sein. Hat sie eine Psychose? In ihrem Umfeld wurde nichts verändert und wenn es etwas Ansteckendes wäre, müsste Buster auch betroffen sein. Woher kommt das Verhalten und wie kann man es abstellen? Kann es mit dem Fellwechsel zusammenhängen? Es sind keine Veränderungen an der Haut zu finden. In ihrem Kot sind ab und zu Kotkügelchen, die wie an einer Schnur zusammenhängen.

Untersuchen lassen

Kaninchen wechseln zwar in der gesamten warmen Jahreszeit ihr Fell, doch sie werden dabei nicht kahl und reißen sich nicht das Fell heraus. Ich denke also nicht, dass Babettes Problem mit dem Fellwechsel zusammenhängt. Ich würde empfehlen, mit Babette zum Tierarzt zu gehen. Es könnte durchaus sein, dass Milben die Ursache für Babettes Problem sind, obwohl Buster sich nicht anzustecken scheint. Es gibt verschiedene Milbenarten, die ein Kaninchen befallen können, und nicht alle Arten sind ansteckend. Außerdem gibt es bestimmte Individuen, die für Infektionen empfänglicher sind als andere. Der Tierarzt wird anhand von Haut- und Fellproben herausfinden, um welche Erkrankung es sich handelt. Möglicherweise steckt auch ein Hautpilz dahinter. Man sollte keinesfalls versuchen, das Problem mit Medikamenten für Hunde oder Katzen in den Griff zu bekommen, denn sie sind für Kaninchen oftmals toxisch und richten unter Umständen mehr Schaden als Nutzen an.

Es könnte sich allerdings auch um einen Schmerzzustand handeln. Das heißt, Babette beknabbert den Bereich ihres Körpers, der ihr wehtut. Tiere machen das manchmal – man nennt es Automutilation. Wenn der Tierarzt keine Hinweise auf Milben findet, kann man ihn darauf aufmerksam machen, ob es sich nicht um ein Wirbelsäulenproblem handeln könne. Das kann man mit einer Röntgenaufnahme relativ leicht diagnostizieren.

Manche Kaninchen rupfen sich allerdings auch das Fell aus, wenn sie nicht genügend Reize in ihrer Umgebung haben. Bieten Sie den beiden Kaninchen viele Beschäftigungsmöglichkeiten und vor allem genügend Auslauf an, bei vielen Tieren hört das Fellfressen dann auf. Die Kotketten verschwinden dann auch von allein.

Ungleiche Freundschaft – Vertragen sich zwei, muss man sie nicht trennen.

Mrs. Murphy und Ricco – eine artübergreifende Freundschaft

Ricco, das kastrierte Kaninchen, und Mrs. Murphy, das Meerschweinchen, leben schon seit einiger Zeit zusammen und verstehen sich gut. Sie fressen zusammen, kuscheln miteinander, laufen im Auslauf zusammen und liegen auch im gleichen Häuschen und schlafen. Es macht nicht den Eindruck, dass Mrs. Murphy unter Riccos Anwesenheit leidet oder dass Ricco gemein zu ihr ist. Nun hieß es, dass das Kaninchen das Meerschweinchen totbeißen könne und die beiden getrennt werden sollten. Stimmt das?

Verschiedene Gattungen

Es ist tatsächlich richtig, dass man von der Meinung abgekommen ist, man könne Meerschweinchen und Kaninchen problemlos miteinander halten. Mittlerweile weiß man, dass Meerschweinchen und Kaninchen verschiedenen Gattungen angehören und sich nicht viel zu sagen haben. Das soll jedoch nicht dazu verleiten, eine bestehende Freundschaft zu trennen. Eine Kastration ist sinnvoll, denn vor allem Rammler bedrängen Meerschweinchen häufig und fügen ihnen üble Bissverletzungen zu, wenn sie ihnen beim vermeintlichen Deckakt ins Genick beißen.

Auch hier ist Platz der ausschlaggebende Faktor. Die beiden müssen trotz aller Zweisamkeit genug Platz haben, um sich aus dem Weg gehen zu können. Mrs. Murphy sollte auf jeden Fall ein eigenes Häuschen bekommen, dessen Öffnung groß genug für das Meerschweinchen, jedoch zu klein für das Kaninchen ist. So kann sich Mrs. Murphy zurückziehen, wenn ihr der Kontakt mit dem Kaninchen zu viel wird. Ansonsten würde ich an der Situation, die für beide Tiere offensichtlich in Ordnung ist, nichts ändern.

Manche Meerschweinchen haben Narrenfreiheit, obwohl das Kaninchen der Stärkere von beiden ist.

Vom charmanten Kumpel zur bissigen Gewehrkugel

Hoppel, ein 3-jähriger kastrierter Rammler, kam aus dem Tierheim in eine Familie. Anfangs war Hoppel friedlich, gewöhnte sich gut an alle Familienmitglieder, war zutraulich, ließ sich auf den Arm nehmen und schmuste. Nach einiger Zeit hatte er sich eine beängstigende Marotte zugelegt: Sobald man ihn fütterte, schoss er wie eine Gewehrkugel aus seinem Häuschen und biss heftig zu. Die ganze Familie hatte schon üble Bissverletzungen davongetragen. Inzwischen kann die Futterschüssel nur noch mit Lederhandschuhen gefüllt werden. Das Verhalten des Kaninchens schlug so schnell um, dass man den Eindruck bekommen konnte, es handle sich um zwei verschiedene Persönlichkeiten. Die Familie wusste nicht mehr weiter und bat um Rat.

Mein Futter!

Hoppel wird höchstwahrscheinlich nicht an einer Persönlichkeitsspaltung leiden, es ist wahrscheinlicher, dass er sein Futter verteidigt. Aus seiner Sicht handelt er völlig korrekt.

Da in seiner Futterschüssel besonders schmackhafte Leckerbissen angeboten werden, verteidigt er die Schüssel und das darin befindliche Futter gegen jeden. Die Hand, die zuerst füttert und sich dann wieder aus dem Käfig zurückzieht, ähnelt einem anderen Kaninchen, das Futter stibitzt und abhaut. Vermutlich hat er mit diesem Verhalten erst angefangen, als er sich richtig eingelebt, seinen Käfig mit seinem Duft markiert und sich darin sicher gefühlt hat. Wahrscheinlich handelt es sich bei Hoppel um eine futterbedingte Aggression, die zum Teil von einer erlernten Aggression begleitet wird, denn er hat mit der Taktik Erfolg und wird durch das schnelle Zurückziehen der Hand belohnt, indem er mit seinem Futter in Ruhe gelassen wird. Aber mit Geduld und Spucke kann man dieses Verhaltensmuster sicherlich durchbrechen.

Nichts ist umsonst

Zunächst sollte man die Futterschüssel entfernen, damit er das Futter nicht mit der Schüssel assoziiert. Die Futterschüssel wird durch eine andere, kleinere ersetzt und immer an verschiedene Stellen im Käfig gestellt.

Funktioniert das nicht, weil er trotzdem jeden attackiert, gibt es zukünftig keine Futter-schüssel mehr und für Hoppel gilt: Nichts im Leben ist umsonst. Mohrrüben, Kohlrabi, Petersilie oder größere Kräcker werden an den Gitterstäben über seinem Kopf aufgehängt, sodass er sie gerade noch erreichen kann und für sein Futter arbeiten muss. Man kann das Kaninchenmüsli auch lose im Käfig verteilen, ohne dabei einen festen Platz zu haben. Außerdem kann man sich einen kleinen Plastik-ball besorgen, am besten einen Futterball für kleine Hunde oder Katzen. Den befüllt man mit Futterpellets, sodass er die Kugel herum-schubsen muss, damit er an das Objekt der Begierde kommt. Längere Leckerbissen wie Möhren, Grashalme oder lange Petersilien-stängel füttert man am besten aus der Hand, damit er die Familienmitglieder in Zusam-menhang mit Futter bringt und nicht gleich zubeißen kann, weil sich die Hand am anderen Ende des Futters befindet.

Kaninchen können ganz schön territorial sein. Manche verteidigen ihren Käfig und ihren Futter-napf mit Zähnen und Krallen und lassen es nicht zu, dass man in den Käfig greift.

Micky – saisonbedingte schlechte Laune

Micky ist ein zwei Jahre altes Zwergkaninchen und lebt allein. Die Kinder kümmern sich hauptsächlich um sie, reinigen den Käfig, füt-tern sie und spielen viel mit ihr. Sie ist ein sehr freundliches Kaninchen, lässt sich von allen auf den Arm nehmen und scheint gern mit den Kindern zusammen zu sein. Manchmal verhält sich Micky seltsam: Micky lässt sich normalerweise gut aus dem Käfig nehmen. Nur manchmal benimmt sie sich wie eine Fu-rie, wenn ihr Käfig gereinigt oder sie aus dem Käfig gehoben wird. Sie trommelt mit den Hin-terläufen, kratzt und beißt, zieht sich schlecht gelaunt in ihr Schlafhäuschen zurück und ist nicht mehr hervorzulocken. Das hält einige Tage an und dann ist sie plötzlich wieder die Alte. Leider beißt sie bei ihren Anfällen auch ziemlich heftig zu und hat uns allen schon ziemlich üble Kratzer und Bisse verpasst.

Bei solchen Tieren heißt es: „Schluss mit lustig." Ab sofort müssen sie sich ihr Futter verdienen und an unterschiedlichen Stellen suchen, um die Futteraggression abzuschwächen.

Scheinträchtigkeit

Es wäre interessant zu wissen, ob sich die Phasen der Verhaltensänderungen über das ganze Jahr erstrecken. Die einzig sinnvolle Erklärung für Mickys Verhalten ist, dass sie scheinträchtig ist. Man müsste Micky in der aggressiven Phase genau beobachten. Versucht sie, Nester zu bauen? Die meisten scheinträchtigen Häsinnen scharren viel in ihrem Käfig, manche rupfen sich Fell an der Wamme oder am Bauch aus und polstern damit ihr Häuschen aus. Dieses Verhalten zeigen weibliche Kaninchen aber nur vom Frühjahr bis Herbst während der Fortpflanzungssaison.

Sonntag, 6:00 Uhr im Morgengrauen: „Her mit meinem Futter, sonst scheppert's im Käfig!"

Wird ein brünstiges Kaninchen nicht gedeckt, kann es zu sogenannten Scheinträchtigkeiten kommen. Das Kaninchen zeigt Verhaltensmerkmale, die einem trächtigen Kaninchen sehr ähnlich sind und verteidigt seinen Käfig, was bei Micky offensichtlich der Fall ist. Normalerweise dauert eine Scheinträchtigkeit 18 Tage. Diese Zeitdauer kann individuell stark variieren. Diese Verhaltensänderung ist unangenehm, weil mit dem Kaninchen in dieser Zeit nicht viel anzufangen ist. Doch aus Sicht des Kaninchens verhält es sich vollkommen normal. Es verteidigt sein Nest und die Jungen. Man kann die Scheinträchtigkeit mit Medikamenten behandeln. Leider müssen die Medikamente täglich eingegeben werden, was bei einem sowieso „schlecht gelaunten" Kaninchen nicht sehr angenehm ist. Es wird vielfach behauptet, die Scheinträchtigkeiten würden verschwinden, wenn die Tiere Nachwuchs hatten. Das stimmt nicht und sollte einen nicht dazu verleiten, sein Kaninchen decken zu lassen, um das Problem abzustellen. Leider kann man nichts unternehmen, um eine Scheinträchtigkeit zu vermeiden, außer das Kaninchen kastrieren zu lassen.

Max – Randale im Morgengrauen

Max scheint eine Uhr in seinem Käfig zu haben. Jeden Morgen um Punkt sieben fängt er an zu randalieren, wenn er bis dahin noch nicht gefüttert wurde. Die Besitzerin steht normalerweise um sechs Uhr auf und versorgt Max, bevor sie sich fertig macht. Leider veranstaltet Max diesen Terror auch, wenn sie ausschlafen könnte oder Urlaub hat. Sie stört es nicht so sehr, doch seit Kurzem hat sie einen neuen Partner, der Max zwar auch sehr gern mag, jedoch der Meinung ist, dass sie sich nicht von ihrem Kaninchen terrorisieren lassen sollte. Nun fragt sie, wie sie Max das morgendliche Poltern abgewöhnen könne.

Sobald der Zimmerservice kommt und den Napf füllt, ist die Welt wieder in Ordnung.

Zimmerservice!

Bei Max' Verhalten handelt es sich entweder um eine umgeleitete Aggression oder um ein Verhalten, das Aufmerksamkeit erregen soll. Max ist frustriert, wenn er nicht sofort das bekommt, was er will. In seinem Fall ist es das Füllen seiner Futterschüssel oder die morgendliche Zuwendung. Da er seinen Frust nicht direkt auslassen kann, indem er seine Besitzerin beißt, muss der Käfig herhalten. Deshalb gräbt er ihn um oder rüttelt an den Gitterstäben. Das Problem ist, dass Max unbewusst für sein „Fehlverhalten" belohnt wurde. Sobald er anfing zu randalieren, kam seine Besitzerin und fütterte ihn, damit er aufhört. Aus Max' Sicht ist das schlau gedacht und er hat sie gut erzogen. Nun gilt es, ihm dieses Verhalten wieder abzugewöhnen.

Unerwünschtes Verhalten ignorieren

Im Grunde gibt es nur eine Möglichkeit: Man muss das Verhalten ignorieren und Max so lang in seinem Käfig randalieren lassen, bis ihm die Puste ausgeht. Da sein Verhaltensproblem mit Krach verbunden ist, sollte man ihn vorübergehend nachts mitsamt seinem Käfig in den Keller oder in einen Raum verfrachten, wo er ungestört randalieren kann. Das bedeutet auch, dass es für Max morgens keine Leckerbissen mehr gibt. Keine Sorge, er wird nicht verhungern, solange er Heu im Käfig hat. Zukünftig darf er nur dann gefüttert oder beachtet werden, wenn er friedlich in seinem Käfig sitzt. Er wird schnell merken, dass ihm die Randale nicht mehr weiterhilft.

Strafen

Man kann auch eine kleine Wasserpistole oder einen Blumensprüher besorgen und Max beim Randalieren nass spritzen. Dabei sagt man gleichzeitig laut „Nein" oder „Pfui" oder etwas Ähnliches. Wichtig ist allerdings, dass immer das gleiche Wort benutzt wird. Kaninchen mögen es überhaupt nicht, nass gespritzt zu werden. Es kann allerdings sein, dass Max ein besonders hartnäckiger Fall ist und regelmäßig ein Vollbad in seinem Käfig nehmen muss, bis das Problem behoben ist.

Bugs und Bunny – Kinderfreund und Männerfeind

Auf Drängen der Kinder haben die Eltern zwei Kaninchen gekauft, zwei kastrierte Rammler aus dem Tierheim, die ungefähr zwei Jahre alt sind. Bugs und Bunny wurden zusammen abgegeben und sind aneinander gewöhnt. Der Einzige, der gegen die Anschaffung der beiden war, war der Vater der Familie und er ist leider auch der Einzige, der Probleme mit den Kaninchen hat. Bugs und Bunny sind sehr zutraulich, lassen sich problemlos hochnehmen, sind sehr verschmust und die beiden sechsjährigen Zwillinge haben viel Spaß mit ihnen. Auch die Mutter kommt gut mit ihnen klar, sie kann sie füttern, den Käfig reinigen und die beiden fressen ihr förmlich aus der Hand. Nur mit dem Vater ist es anders. Von ihm lassen sich die beiden nicht anfassen, beim Freilauf laufen sie vor ihm davon und wenn er seine Hand in den Käfig steckt, um ihnen einen Stängel Petersilie anzubieten, haben sie ihn schon gebissen. Nun leidet der Familienfrieden unter dem Zustand. Dabei hat er sich Mühe gegeben, freundlich zu Bugs und Bunny zu sein, doch die beiden scheinen ihn nicht zu mögen.

Schlechte Erfahrungen

Bugs und Bunny scheinen sich vor dem Mann zu fürchten und reagieren deshalb aggressiv. Das nennt man Angstaggression. Eigentlich laufen Kaninchen bei Gefahr davon, doch das ist im Käfig schlecht machbar. Wahrscheinlich haben die beiden schlechte Erfahrungen mit Männern gemacht. Tiefe Stimme, schwere Schritte, meistens sprechen Männer auch lauter als Frauen, das alles ist den Kaninchen unangenehm. Jetzt muss man sich fragen, warum das so ist. Entweder hatten die beiden in ihrer Prägungsphase keinen oder nur wenig Kontakt mit Männern oder sie machten schlechte Erfahrungen und reagieren deshalb aggressiv.

Mit Geduld und Spucke

Das Problem ist lösbar, erfordert jedoch viel Geduld und vor allem den Einsatz des Vaters. Am besten besorgt man sich einen Holzstab und befestigt an einem Ende eine weiche Babybürste. Mit dieser Konstruktion soll der Vater den Kaninchen sanft über den Kopf streicheln und gleichzeitig die Lieblingsleckerbissen hinwerfen. Dazu eignen sich Petersilienstängel besonders gut, denn die meisten Kaninchen mögen Petersilie. Am besten

Möhrenkraut hilft bei misstrauischen Kaninchen, denn Fressen verbindet und fördert die Freundschaft.

Mit etwas Geduld und leckerem Futter lassen sich Kaninchens Vorurteile überwinden.

Na bitte, geht doch! Schon ist der junge Mann nicht mehr so beängstigend.

nimmt man diese Prozedur im Auslauf vor. Anfangs werden Bugs und Bunny sicherlich in die Bürste beißen. Allerdings werden sie schnell begreifen, dass es nichts nützt. Selbst wenn sie in die Bürste beißen, soll der Mann mit dem Streicheln fortfahren und dabei mit sanfter Stimme sprechen. Es ist sinnvoll, wenn er dabei immer dasselbe Wort benutzt wie Streicheln oder Schmusen. Er soll vor allem den Kopf der Kaninchen streicheln. Nach einiger Zeit kann man den Holzstab verkürzen und später ganz auf ihn verzichten. Am besten wiederholt man das Ganze mehrmals am Tag. Später kann die Babybürste durch seine Hand ersetzt werden. Das erfordert natürlich etwas Geduld, doch mit dieser Methode wird der Vater sicherlich ans Ziel kommen. Bugs und Bunny haben nichts gegen den Vater persönlich, ihr Verhalten ist wahrscheinlich durch den fehlenden Männerkontakt während ihrer Prägungsphase bedingt.

Fat Boy – Liebesbeweis auf Kaninchenart

Fat Boy ist ein imposanter Rammler und lebt bei seiner Besitzerin, die alleinstehend ist, und fast ihre gesamte Freizeit mit dem Kanin-

chen verbringt und ihn sehr gern mag. Fat Boy darf sich zu jeder Zeit frei in der Wohnung bewegen und nutzt seinen Käfig nur als Schlafgelegenheit. Seit Kurzem hat er sich eine Macke zugelegt, die seine Besitzerin nicht sonderlich witzig findet. Sobald sie sich umgezogen hat und ausgehfertig ist, um ins Kino zu gehen oder sich mit Freunden zu treffen, pinkelt Fat Boy sie an. Dabei dreht er sich ganz schnell um und besprüht sie mit Urin. Daraufhin muss sie sich erneut umziehen und versuchen, sich unbemerkt vom Kaninchen aus dem Haus zu schleichen. Nun möchte sie wissen, warum Fatty das tut, und wie sie es ihm wieder abgewöhnen kann.

Meine Frau!

Fattys Verhalten ist der schönste Liebesbeweis, den ein Rammler zu vergeben hat – so wie ein Strauß roter Rosen. Er zeigt eindeutig geschlechtsgebundenes Dominanzverhalten, das eng mit dem Sexualtrieb gekoppelt ist. In Ermangelung einer Partnerin hat er seine Besitzerin als das Objekt seiner Begierde ausgewählt und markiert sie mit Urin, um anderen (nicht vorhandenen) Rammlern zu demonstrieren: Seht her, das ist meine Frau. Kaninchen finden ihren eigenen Urinduft wunderbar, die Zweibeiner sind meist anderer Meinung.

Falscher Duft

Warum er es ausgerechnet dann macht, wenn seine Besitzein ausgehen möchte, hat nichts mit Bestrafung zu tun, obwohl man es fast glauben könnte. Es liegt vermutlich eher daran, dass die Ausgehklamotten frisch gewaschen sind, ungewohnt riechen und er sie deshalb markieren muss. Vielleicht liegt es auch daran, dass sie anders als sonst riecht, z.B. nach Deospray oder Parfum, und Fat Boy der Meinung ist, dass dieser Geruch unbedingt übertönt werden muss.

Urinspritzen ist ein Verhalten, das gewöhnlich nur von dominanten Männchen gezeigt wird, in manchen Fällen jedoch auch von dominanten Weibchen. Das ist natürlich sehr unangenehm, weil Kaninchenurin für Menschen nicht besonders betörend riecht und Flecken hinterlässt. Ich fürchte, die einzige Lösung für das Problem ist Fattys Kastration. Man kann ein Kaninchen übrigens in jedem Alter kastrieren, auch wenn die Tiere schon älter sind.

Man sollte ihn schnellstmöglich kastrieren lassen, denn manchmal trennen sich die Herren nur sehr ungern von lieb gewordenen Gewohnheiten. Damit will ich sagen, dass es keine Garantie gibt, dass dieses Verhalten aufhören wird, es ist jedoch sehr wahrscheinlich.

Jule und die wilde Hatz

Jule lebt schon seit Längerem bei einer Familie und lässt sich nur ungern einfangen, wenn er Freilauf hat. Sein Käfig steht im Zimmer des Sohnes. Jule ist sehr zutraulich und kommt sofort an das Käfiggitter, wenn man sich dem Käfig nähert, und macht Männchen. Er lässt sich problemlos auf den Arm nehmen und lässt sich gern streicheln. Leider funktioniert es beim Freilauf nicht so gut. Jule darf regelmäßig im Zimmer des Sohnes und zuvor auch in der ganzen Wohnung laufen. Er benutzt seine Kaninchentoilette und zerstört

„Fangen lassen? – Nie im Leben!" Als Zweibeiner kann man nicht mehr mithalten ...

... wenn Kaninchen erst mal die Beine in die Hand nimmt und das Weite sucht.

nichts. Das Problem ist, dass Jule sich nicht mehr einfangen lässt. Deswegen wurde sein Freilaufgebiet auch auf das Zimmer des Sohnes beschränkt, denn da kann man ihn besser einfangen. Er scheint Katz und Maus zu spielen und rennt hakenschlagend davon. Dabei ist er äußerst flink und wendig und bleibt in einer Ecke sitzen. Die Familie würde dieses Problem gern lösen, denn es bedeutet Stress für alle Beteiligten, das Kaninchen in seinen Käfig zurückzubefördern.

Um sein Leben gerannt

Ich glaube nicht, dass Jule Katz und Maus spielen möchte, sondern eher, dass er um sein Leben rennt. Es könnte sein, dass er bei einem dieser Fangversuche schlechte Erfahrungen gemacht hat. Wahrscheinlich fürchtet er sich und lässt sich daher nicht einfangen. Es gibt mehrere Möglichkeiten, wie man diesem Problem begegnen kann. Die einfachste Lösung ist, Jule selbst entscheiden zu lassen,

wann er wieder in seinen Käfig möchte. Dazu kann man eine Ecke im Zimmer abteilen, in der Jules Käfig steht und wo er sich frei bewegen kann. Man sollte ihn allerdings nur im Käfig füttern und ihm draußen keine Leckerbissen anbieten. Wenn er Hunger hat, schlafen will oder auf die Toilette muss, wird er in seinen Käfig zurückkehren.

Angelockt

Geht das nicht, sollte man die Strategie ändern. Man darf dabei keinesfalls Gewalt anwenden und ihn mit der herkömmlichen Katz-und-Maus-Methode einfangen, auch wenn es nicht auf Anhieb klappt. Das kann bedeuten, dass Jule einige Tage außerhalb seines Käfigs verbringt. Wenn er frei läuft, legt man sich zu ihm auf den Boden und lockt ihn mit seinen Lieblingsleckerbissen. Wichtig ist, dass man sich auf Augenhöhe befindet. Wenn man mit dem Training beginnt, sollte man ihm die Leckerbissen aus der Hand füttern.

Besser ist es, wenn man das Kaninchen überzeugen kann. Mit Geduld und Spucke ...

kommt das Kaninchen freiwillig, wenn man es mit Futter und Ruhe lockt.

Sieht zwar toll aus, aber der Träger des Brustgeschirrs ist noch nicht ganz überzeugt.

Falls er ein wählerischer Fresser ist, lässt man das Kaninchenmüsli weg und gibt ihm nur noch Heu im Käfig. Wenn man ihn auf dem Bauch liegend mit Leckerbissen zu sich locken kann, wird er gleichzeitig sanft gestreichelt. Dabei vermeidet man hektische Bewegungen und laute Geräusche.

Zuerst streichelt man ihn nur, ohne den Versuch zu machen ihn hochzuheben. Ist er entspannt und lässt sich streicheln, kann man versuchen, ihn sanft hochzuheben. Dabei umfasst man mit einer Hand seinen Brustkorb und unterstützt mit der anderen sein Hinterteil. Man sollte ihn jedoch nicht gleich in den Käfig zurücksetzen, sondern ihn nur einige Zentimeter über den Boden heben und ihn anschließend wieder laufen lassen. Das wiederholt man einige Male. Jedes Mal wird er ein Stückchen höher gehoben, als beim vorangegangenen Mal. Schließlich wird er so in seinen Käfig zurückbefördert.

Man braucht viel Geduld für diese Methode und darf keinesfalls unter Zeitdruck stehen, sonst funktioniert es nicht.

Max und das Brustgeschirr

Die Besitzerin von Max lebt in einer Dachgeschosswohnung und zieht demnächst ins Erdgeschoss. Max soll nun die Gelegenheit bekommen, ein bisschen im Garten herumzulaufen. Da sie jedoch Angst hat, Ärger mit dem Vermieter zu bekommen, wenn sie für Max einen Auslauf im Garten baut, möchte sie ihn lieber an Leine und Brustgeschirr durch den Garten hoppeln lassen. Außerdem fürchtet sie, Max könnte in einem Freigehege etwas zustoßen, wenn sie ihn allein laufen lässt. Zudem hat sie ein schlechtes Gewissen, Max allein draußen zu lassen.

Die Besitzerin hat für Max ein Brustgeschirr mit Leine gekauft und weiß nun nicht so recht, wie sie Max daran gewöhnen soll. Ihre ersten Versuche waren nicht sehr erfolgreich. Max war nicht sonderlich begeistert, hat sich ständig geleckt und gekratzt und versucht, das Geschirr anzunagen. Jetzt möchte sie einen neuen Versuch starten, der erfolgreicher enden soll, als der erste.

Brustgeschirr schmackhaft machen

Das Wichtigste ist, Max davon zu überzeugen, dass das Geschirr etwas Positives ist. Man sollte ihn nicht gleich damit überfallen und ihm das Geschirr anziehen, sondern schrittweise vorgehen. Auch wenn es etwas länger dauert, kommt man mit dieser Methode sicherlich eher zum Ziel. Zunächst darf Max an seinem Brustgeschirr schnuppern, während er auf dem Schoß sitzt. Währenddessen wird er gestreichelt und mit Leckerbissen gefüttert. Im nächsten Schritt legt man Max das Geschirr auf den Rücken, damit er sich an das Gewicht gewöhnen kann. Dabei wird er weiterhin gestreichelt und mit Leckerbissen gefüttert. Anfangs wird das Geschirr nur ganz kurz auf den Rücken gelegt, dann immer ein bisschen länger. Jetzt zieht man ihm das Geschirr richtig an und lenkt ihn mit Leckerbissen ab, um ihn zu beschäftigen. Wenn er mit angezogenem Geschirr Leckerbissen frisst, ist man schon fast am Ziel. Als Nächstes befestigt man die Leine am Geschirr und er darf damit umherhoppeln. Auch in dieser Phase sollte man ihm beruhigend zureden und ihn mit Leckerbissen bestechen. Wenn er zufrieden mit Geschirr und Leine herumhoppelt, kann man die Leine in die Hand nehmen und sich einen Schritt von dem Kaninchen entfernen. Dabei verwendet man ein Signal, das man immer wiederholt, wenn man ihn an der Leine führen möchte, wie z.B. „Komm" oder „Gassi". Mit Leckerbissen lockt man ihn zu sich und belohnt ihn, wenn er folgt. Niemals an der Leine ziehen, das macht dem Kaninchen Angst und wer Angst hat, kann nichts lernen. Wenn Max zufrieden nebenher hoppelt, passt man die Laufgeschwindigkeit an seinen Hoppelgang an. So artig wie ein Hund wird Max zwar nicht an der Leine laufen, aber meistens funktioniert es recht gut. Wenn er an der Leine folgt, kann man die Aktivitäten nach draußen verlagern und mit ihm im Garten spazieren gehen. Allerdings sind Kaninchen nicht besonders leinenführig, Freilauf im Garten wird Max sicherlich mehr schätzen. Man sollte lieber mit dem Vermieter reden, ob er nicht doch gestattet, ein mobiles Freigehege aufzustellen.

Freilauf ohne Brustgeschirr gefällt Max besser. Ein mobiler Auslauf hilft bei stundenweisem Auslauf.

Kaninchen in der Wohnung

Zähne contra Tischbein

Die Kinder wünschten sich ein Haustier, daraufhin hat der Familienrat beschlossen, zwei Kaninchen zu kaufen. Beim Züchter fiel die Wahl auf zwei kleine Rotaugenhermeline, die in einigen Wochen abgeholt werden können. Nun kamen Bedenken auf, die beiden in der Wohnung laufen zu lassen, denn Kaninchen benagen gern Holz. Die Wohnungseinrichtung besteht im Wesentlichen aus wertvollen, antiken Möbeln, die schon seit Generationen weitervererbt werden. Einerseits möchte die Familie auf keinen Fall riskieren, dass die Möbel angenagt werden, andererseits möchte sie den Kaninchen auch Freilauf gewähren.

Zwei Lösungsmöglichkeiten

Man hat prinzipiell zwei Möglichkeiten, die Möbel vor Schaden zu bewahren. Die erste und weniger aufwendigere: Man lässt die Kaninchen nur dort frei laufen, wo keine antiken Möbel gefährdet sind, z.B. im Kinderzimmer, in der Küche oder im Keller. Kommt diese Lösung nicht infrage, hätte ich noch eine zweite, jedoch wesentlich aufwendigere, anzubieten.

Alle Stuhl- und Tischbeine oder Möbelteile, die in Gefahr sind, werden mit Plastikfolie und Baumwolltüchern umwickelt. Die Baumwolltücher werden mit Geruchsspray getränkt, das Katzen fernhalten soll. Der Geruch wird immer wieder aufgefrischt. Die Wohnung sieht eine Zeit lang etwas bizarr aus. Wenn die beiden Kaninchen Freilauf haben, muss man die beiden genau beobachten. Sobald sie sich einem Tischbein nähern und versuchen, daran zu nagen, ruft man laut „Nein" oder „Pfui" und benutzt dabei immer das gleiche Wort. Zusätzlich wird der kleine Übeltäter mit einem Wasserstrahl aus einer Wasserpistole oder einem Blumensprüher nass gespritzt. Das Problem ist, dass das unerwünschte Verhalten sehr konsequent und immer bestraft werden muss. Das bedeutet, dass man wie ein Luchs aufpassen muss. Kaninchen können nicht verstehen, warum es Ausnahmen von einer Regel gibt. Das Möbelumwickeln und Einsprühen muss so lange beibehalten werden, bis die beiden das Interesse an den Möbeln verloren haben. Neben diesen Erziehungsmaßnahmen ist es natürlich sehr hilfreich, wenn man beiden ein Beschäftigungsprogramm anbietet.

Piggeldi und die Tapete

Das Kaninchen Piggeldi lebt im Zimmer der Tochter, sein Käfig steht unter ihrem Schreibtisch und er leistet ihr Gesellschaft. Jetzt ist sie aus ihrem Kinderzimmer herausgewachsen und das Zimmer soll renoviert werden. Piggeldi frisst allerdings die Tapeten von der Wand, eine Unart, die ihm nun abgewöhnt werden muss. Das Kinderzimmer sieht ziemlich mitgenommen aus, nicht zuletzt deshalb, weil Piggeldi bis auf ca. 50 cm Höhe sämtliche Tapeten abgefressen hat. Bisher war das nicht sonderlich störend, doch nun möchte die Tochter ein „erwachsenes", sauberes Zimmer. Nun ist zu befürchten, dass sich Piggeldi mit Wonne auf neue Tapeten stürzen wird. Wie kann man Piggeldi das Tapetenfressen abgewöhnen?

Leider macht er das schon ziemlich lang, denn er ist bereits acht Jahre alt. Früher fand die Tochter das lustig und auch die Eltern haben sich mit dem verwüsteten Kinderzimmer abgefunden.

Plexiglas auf halber Höhe

Im Grunde ist das Tapetenfressen ein normales Verhalten. Kaninchen benagen in ihrer Umgebung alles, um zu erkunden, ob es fressbar ist oder nicht. Wahrscheinlich setzen sie mit dem Benagen Markierungen. Außerdem scheinen viele Kaninchen Geschmack am Tapetenkleister zu finden, der süßlich schmeckt. Für Piggeldi ist das Tapetenfressen also in doppelter Hinsicht lohnenswert. Zum einen kann er sein Revier benagen und zum anderen schmeckt es auch noch gut. Es wird schwierig, ihm das wieder abzugewöhnen.

Eine Möglichkeit besteht darin, die Wände bis auf Piggeldis Höhe mit Plexiglasabdeckungen zu versehen. Das sieht zwar nicht so dekorativ aus, wird ihn jedoch davon abhalten, die Tapete anzufressen. Außerdem hat diese Methode den Vorteil, dass Möbelteile, die an der Wand anstoßen, nicht zu Beschädigungen führen.

Wenn man ihm das Verhalten abgewöhnen will, sollte man wie beim Möbelanfressen vorgehen (siehe vorherige Seite).

Piggeldi hat ganze Arbeit geleistet und ein schönes Muster in die Tapete gefressen. Wem es gefällt …

Morris und der Teppich in Fetzen

Morris zog sich immer gerne unter die Eckbank zurück und die Familie dachte, er würde es als Höhle betrachten. Schön dunkel, unerreichbar für die anderen und trotzdem konnte er ins Geschehen eingreifen, wenn er wollte. Beim Frühjahrsputz, der auch unter der Eckbank stattfand, mussten sie feststellen, dass Morris den Teppichboden unter der Eckbank zerstört hat. Er hatte ihn zerkratzt und vielleicht auch gefressen. Verdauungsstörungen hat er jedenfalls nicht bekommen, denn er macht ansonsten einen ganz gesunden Eindruck. Nun fragte sich die Familie, wie er sein Zerstörungswerk unbeobachtet vollbringen konnte und vor allem, wie man ihn von neuen Teppichattacken abhalten kann.

Tunnelbau

Morris ist seinem angeborenen Instinkt zu graben nachgegangen. Da er keine Tunnel bauen kann, musste er sich anderweitig behelfen und hat den Teppich zerstört. Aus seiner Sicht ein ganz normales Verhalten, das man auf keinen Fall bestrafen sollte. Es ist jedoch verständlich, dass man weiteren Zerstörungen Einhalt gebieten möchte. Zuerst sollte man die Eckbank absichern, sodass Morris sich nicht mehr zurückziehen und heimlich buddeln kann. Da Kaninchen gern graben, sollte man ihm die Möglichkeit geben, dies in geordneten Bahnen zu tun. Dazu kann man ihm eine große Holzkiste zur Verfügung stellen, die mit Teppich ausgelegt und mit Stroh gefüllt ist. Darin kann er sich austoben. Noch schöner wäre natürlich eine Kaninchensandkiste, doch bei seinen Grabungen fliegt der Dreck durch die Wohnung. Man kann ihm auch eine teppichbezogene Wand zwischen zwei Möbelstücken bauen, in die er dann nach Herzenslust ein Loch graben kann, um sich wie in einem Tunnel zu fühlen. Kaninchen müssen bei ihren Grabungsaktivitäten nicht zwangsläufig Krach machen. Für Kaninchen ist es überlebenswichtig, leise zu sein, um keine Feinde anzulocken. Daher ist verständlich, dass Morris leise gegraben hat. Außerdem sind Kaninchen ausgesprochen fixe Buddler. Ein Loch in einen Teppich zu scharren, geht in Null Komma nichts, ohne dass jemand etwas mitbekommt. Hinzu kommt, dass Kaninchen äußerst scharfe Krallen haben, die sie auch gerne zu ihrer Verteidigung einsetzen. Jeder, der von einem Kaninchen gekratzt worden ist, kann das bestätigen.

Schnuffi und die Gummidichtungen

Schnuffi hat die unangenehme Eigenschaft, Sachen zu fressen, die nicht als Kaninchennahrung gedacht sind. Er hatte deswegen auch schon üble Verdauungsstörungen, die der Tierarzt behandeln musste. Wenn er Freilauf hat, frisst er Teppichfransen, Gummiabdichtungen an den Fliesen, Zeitungen, Zierleisten und anderes Mobiliar. Er bekommt genug zu fressen, ist ganz wild auf sein Kaninchenmüsli und mag gerne Joghurt-Drops und Leckerstangen. Gesundes Gemüse ist nicht sein Fall und Heu frisst er auch nur wenig. Er macht jedoch einen gesunden Eindruck, hat klare Augen, ein glänzendes Fell und putzt sich ausgiebig. Warum frisst er diese merkwürdigen Sachen? Haben Kaninchen denn gar keinen natürlichen Instinkt dafür, was gut für sie ist und was nicht?

Ernährung umstellen

Es gibt mehrere Faktoren, die zu Schnuffis merkwürdigem Verhalten führen können. Vermutlich ist es keine Mangelerscheinung, sondern eher Langeweile bei gleichzeitiger Überfütterung. Manchmal zeigen Kaninchen dieses Verhalten auch, wenn sie einen Fremdkörper

Löcher im Teppich? Zerstörungswut kann man durch sinnvolle Beschäftigung in geregelte Bahnen leiten.

wie z.B. Haarballen im Magen haben, den sie wieder loswerden wollen. Man sollte abklären, ob Schnuffi tatsächlich ein Haarballproblem hat. Zu diesem Zweck wird der Tierarzt eine Röntgenaufnahme anfertigen oder eine Ultraschalluntersuchung durchführen.

Abgesehen davon nehme ich an, dass sich Schnuffi langweilt und zu viel Futter bekommt. Kaninchen nehmen über den Tag verteilt ständig kleine Futtermengen zu sich, weil sie mit einer recht nährstoffarmen Diät auskommen müssen und ihr Verdauungssystem ständig arbeitet. Schnuffi frisst den Angaben nach gern leckere Sachen, auch sein Kaninchenmüsli. Mit der nährstoffreichen Nahrung stellt sich

schnell ein Sättigungsgefühl ein. Daher frisst er ungern Heu und Gemüse. Schnuffis Ernährung sollte umgestellt werden, indem er nur noch 3 Esslöffel Kaninchenmüsli pro Tag bekommt! Auch die leckeren, aber ungesunden Joghurt-Drops, Kaustangen etc. gehören der Vergangenheit an, stattdessen bekommt er frisches Heu. Schnuffi wird bald feststellen, dass er mehr Heu fressen muss. Das hat den Nebeneffekt, dass er, falls er wirklich zu dick ist, abnehmen wird. Des Weiteren beugt es Zahnproblemen vor, weil er das Heu viel intensiver kauen muss. Neben der Futterumstellung sollte man für mehr Abwechslung in Schnuffis Leben sorgen.

Trine und Tralla und die neuen Möbel

Neulich schilderte eine Familie mit großem Haus ihr Problem mit ihren beiden Zwergkaninchen Trine und Tralla. Die Familie besucht liebend gern Flohmärkte und bringt oft auch neue Möbel- oder Dekorationsstücke mit, die im Haus aufgestellt werden. Hin und wieder arrangieren sie die Zimmereinrichtung neu. Allen in der Familie gefällt es, es sei ein bisschen wie Urlaub, wenn die Räume anders aussehen. Die Einzigen, die das zu stören scheint, sind Trine und Tralla, unsere beiden Zwergkaninchen. Sie leben schon ziemlich lang bei der Familie und laufen durch das gesamte Erdgeschoss. Sie haben einen Käfig, der immer offen steht und den sie nur zum Schlafen benutzen. Wenn ein neues Möbelstück aufgestellt wird, verziehen sich die beiden in ihren Käfig und kommen tagelang nicht heraus. Die Familie kann sich das Verhalten nicht erklären.

Es soll so bleiben, wie es ist

In der Schilderung steht: „Es ist wie Umzug oder Urlaub", und das sind zwei Dinge, die Kaninchen hassen. Kaninchen orientieren sich in ihrem festgelegten Territorium am Geruch. Sie schätzen Veränderungen in ihrer Umgebung überhaupt nicht. Sie sind sehr konservativ und wollen, dass alles so bleibt, wie es ist. Jetzt kommt die Familie vom Flohmarkt und bringt die ganze schöne Ordnung wieder durcheinander! Gegenstände vom Flohmarkt sind meistens mit vielen Gerüchen behaftet, die von den Kaninchen wahrgenommen werden. Womöglich riechen die neuen Einrichtungsgegenstände auch noch nach Hund oder Katze, also nach Feind. Das finden die Kaninchen sicher furchtbar. Sie fürchten sich und bleiben deshalb eine Zeit lang im Käfig, um dann ihre Umgebung neu zu erkunden und zu markieren. Für uns Menschen scheinen die Veränderungen durch das Umstellen von Möbeln oder durch neue Möbel nicht dramatisch zu sein,

Bei neuen Möbeln oder sonstigen Veränderungen suchen Kaninchen gern ihre sichere Umgebung auf.

Wenn Sie Ihre Wohnung umdekorieren möchten, sollten Sie schrittweise vorgehen.

für Kaninchen können sie zu einer drastischen Veränderung ihrer gesamten Lebenssituation führen.

Schrittweise umdekorieren

Das Problem lässt sich jedoch lösen. Zunächst sollte man versuchen, in der unmittelbaren Umgebung des Kaninchenkäfigs so wenig wie möglich neu zu dekorieren. Wenn es sich nicht vermeiden lässt, sollte man nur kleine Veränderungen vornehmen. Das heißt, nicht alle Möbel gleichzeitig umzustellen, sondern nur einzelne Möbelstücke nach und nach umzurücken. Das kann bedeuten, dass das Sofa für eine Weile mitten im Raum steht, wenn die

Möbel nur ein Stückchen weitergerückt werden. Das kann natürlich lästig sein, wenn zum Beispiel Besuch kommt, aber für Ihre Kaninchen ist die Umstellung so viel weniger aufregend als eine komplette Neugestaltung ihrer Umgebung.

Die andere Möglichkeit ist, dass man die Neudekorationen auf Räume beschränkt, in denen sich die Kaninchen nicht aufhalten. Wenn die Kaninchen im Erdgeschoss leben, könnte man beispielsweise die anderen Stockwerke umgestalten. Alternativ kann man sich einen neuen Standort für den Käfig aussuchen, in einem Raum in dem weniger Aktivitäten stattfinden.

Kaninchen im Freien

Max und Moritz und der verwilderte Garten

Die beiden Stallkaninchen Max und Moritz dürfen schon seit Jahren im Sommer im Garten laufen. Sie haben kein Gehege, sondern können sich frei im Garten bewegen, der eingezäunt ist. Max und Moritz sind noch nie abgehauen, lieben es, sich unter herabhängenden Zweigen zu verstecken und scheinen ganz zufrieden zu sein. Sie haben sich eine Höhle gebuddelt und sind sogar im Winter immer draußen. Im Sommer sieht man sie tagsüber wenig, da sie sich in ihre Höhle zurückziehen können. Nun ist der Garten eher naturnah, also etwas ungepflegt, nur der Rasen wird ab und zu gemäht. Max und Moritz scheint die Wildnis zu gefallen. Jetzt wächst im Garten allerlei, von dem die Besitzerin nicht genau weiß, was es ist, und macht sich Sorgen, ob giftige Pflanzen dabei sein könnten. Sie fragt, ob Kaninchen instinktiv wissen, welche Pflanzen giftig seien. Bisher ist nie etwas passiert, aber die Besitzerin hat schon von Pflanzenvergiftungen bei Kaninchen gehört und möchte dem vorbeugen.

Nicht so instinktsicher

Auf den natürlichen Instinkt der Kaninchen, was giftige Pflanzen angeht, würde ich mich nicht verlassen. Damit man weiß, was giftig ist und was nicht, sollte man versuchen herauszufinden, was im Garten wächst. Entweder trifft man sich mit einem Gärtner, der hilft, die Pflanzen zu bestimmen, oder man kauft sich ein Pflanzenbestimmungsbuch und versucht, es selbst herauszufinden. In der Tabelle (siehe nächste Seite) finden sie eine Auflistung der Giftpflanzen, die allerdings nicht den Anspruch erhebt, vollständig zu sein. Als Faustregel kann man sich merken, dass alle Wolfsmilchgewächse giftig sind. Das sind Pflanzen oder Blumen, bei denen beim Abknicken des Stängels ein milchartiger weißer Saft austritt.

Allerdings gibt es in der veterinärmedizinischen Fachliteratur nur sehr wenig bestätigte Berichte von Pflanzenvergiftungen bei Kaninchen. Deshalb scheint der natürliche Instinkt der Kaninchen doch in einem gewissen Maße vorhanden zu sein. Die Berichte, die in Foren oder im Internet kursieren, halten meistens einer wissenschaftlich fundierten Überprüfung nicht stand.

Jasper und der englische Rasen

Ein Ehepaar ist vor Kurzem umgezogen. Sie haben Jasper von ihren Kindern übernommen, die inzwischen ausgezogen sind. Da sie einen großen Garten besitzen, haben sie Jasper einen Auslauf gebaut, damit er an die frische Luft kommt und Gras fressen kann. Das Kaninchen ist richtig aufgeblüht, rennt wie ein Wilder im Auslauf herum, schlägt Haken und scheint sich richtig zu freuen. Das einzige Problem ist, dass er offensichtlich einen großen Freiheitsdrang entwickelt hat. Jasper gräbt trotz seines fortgeschrittenen Alters die tollsten Löcher und das in affenartiger Geschwindigkeit. Einerseits hat das Ehepaar Angst, dass er durch einen Tunnel verschwinden und sich verlaufen könnte. Andererseits hat der Mann sehr viel Mühe auf die Pflege des schönen Rasens verwendet, den Jasper zerstört. Nun stellt sich die Frage, wie man einen englischen Rasen mit Jaspers Buddelaktivitäten unter einen Hut bringen kann. Offensichtlich hat er in fortgeschrittenem Alter seine wahre Lebensaufgabe entdeckt.

Giftige Pflanzen

Wildpflanzen	Bärenklau, Bärlauch, Bilsenkraut, Buchweizen, Buschwindröschen, Eberesche, Eisenhut, Fingerhut, Geißraute, Gnadenkraut, Goldregen, Geis- oder Jakobskraut, Herbstzeitlose, Holunder (Blüten sind sehr lecker, aber Rinde und Blätter sind giftig), Hundspetersilie, Königskerze, Koriander, Kornrade, Küchenschelle, Lupine, Mohn, Nachtschatten, Pfaffenhütchen, Pflaume, Physalis, Rainfarn, Safran, Sauerklee, Schachtelhalm, Schierling, Schneebeere, Sonnenblume, Sumpfdotterblume, Tollkirsche, Veilchen, Wacholder, Waldmeister, wilder Wein, Wermut, Wiesensalbei, Zaunrübe.
Zimmerpflanzen	Agave, Aloe, Alpenveilchen, Amaryllis, Avocado, Azalee, Becherprimel, Birkenfeige, Bromelie, Christusdorn, Christuspalme, Diffenbachie, Drachenbaum, Dreimasterblume, Efeutute, Elefantenfuß, Fensterblatt, Flammendes Käthchen, Frauenhaarfarn, Grünlilie, Gummibaum, Immergrün, Kaffeebaum, Kakaobaum, Kamelie, Kletterfeige, Klivie, Passionsblume, Philodendron, Purpurtute, Weihnachtsstern.
Gartenpflanzen	Alpenrose, Aaronstab, Besenginster, Blauregen, Buchsbaum, Christrose, Efeu, Eibe, Eiche, Engelstrompete, Farn, Gartenbohne, Geißblatt, Hanf, Hartriegel, Heckenkirsche, Hortensie, Hyazinthe, Kartoffel, Korallenbaum, Krokus, Liguster, Maiglöckchen, Mistel, Narzisse, Oleander, Pfingstrose, Pfirsich, Rhabarber, Rittersporn, Robinie, Rosskastanie, Schneeball, Schneeglöckchen, Schwertlilie, Seerose, Seidelbast, Tabak, Thuja, Tomate, Tulpe, Winterling.

Buddelalternativen

Am besten stattet man Jaspers Auslauf mit einer Maschendrahtunterlage aus, Hühnerdraht eignet sich besonders gut, denn die Maschen sind relativ eng und werden Jasper am Buddeln hindern. Der Draht lässt sich leicht an der Unterseite des Auslaufs befestigen. Allerdings steht Jasper anfangs unter Aufsicht, denn er wird sicher weiterhin versuchen zu buddeln. Die Gefahr besteht, dass er mit einer Kralle in den Maschen hängen bleibt und sich verletzt. Er wird jedoch bald merken, dass die Buddelzeit im Auslauf zu Ende ist. Durch den Draht wächst das Gras hindurch, das Jasper fressen kann. Um ihn nicht ganz zu frustrieren, weil sein lieb gewonnenes Hobby vereitelt wird, sollte man ihm ein Buddelgelände zur Verfügung stellen, zum Beispiel eine kleine Kindersandkiste. Sie sollte einen halben Meter tief sein und eine Seitenlänge von ungefähr zwei Metern haben. Sie wird mit einer Mischung aus Sand und Erde gefüllt. Darin kann sich Jasper nach Herzenslust austoben und seiner neuen Leidenschaft nachgehen. Vor allem im Sommer mögen Kaninchen Sandkisten gern, denn sie buddeln sich eine Kuhle und legen sich hinein, um sich abzukühlen. Außerdem kann man die Sandkiste mit Tonröhren dekorieren, in die sich Jasper zurückziehen kann. Auf diese Weise sind alle Familienmitglieder einschließlich Jasper zufrieden.

Die schönste Lösung für Jasper wäre natürlich einen Kompromiss einzugehen. Dazu kann man ihm ein Stück Garten zur Verfügung stellen, das mit einem ausbruchssicheren Zaun oder einem Elektrozaun ausgestattet ist, um seine Aktivitäten auf ein bestimmtes Areal zu begrenzen.

Oben: Es fängt mit einem kleinen Erdhaufen an, Mitte: ... der schnell zu einem Berg anwächst. Unten: Und schon ist das Kaninchen in der Höhle verschwunden.

Gesundheitsprophylaxe

Dieses Kapitel möchte auf die häufigsten Krankheiten und Probleme von Kaninchen eingehen. Da Kaninchen wahre Meister im Verstecken von Krankheitssymptomen sind, gilt bei ihnen: Lieber nicht zu lang herumdoktern, sondern gleich zum Tierarzt gehen. Und selbst dann sind viele Erkrankungen oft schon weit fortgeschritten.

Die beste Krankheitsvorsorge besteht aus einer möglichst artgerechten Haltung mit viel Freilauf und einer ausgewogenen, kaninchengerechten Ernährung. Das ist schon die halbe Miete, doch man kann auch aktiv Gesundheitsvorsorge durch Schutzimpfungen leisten. Selbst Kaninchen, die nur in der Wohnung gehalten werden, können sich über kontaminiertes Futter, Insektenstiche und Kleidung der Menschen mit Infektionskrankheiten anstecken, die manchmal sogar tödlich verlaufen. Allerdings sind sie weniger gefährdet als ihre Kollegen mit Freilauf. Dafür haben Wohnungskaninchen häufiger mit Übergewicht, Verdauungsstörungen und Blasensteinen zu kämpfen, weil sie sich oft weniger bewegen, zu viel fressen und zu wenig Ablenkung haben.

Checkliste

Gesunde Kaninchen

- sind putzmunter, bewegen sich gern, erkunden ihre Umgebung
- haben klare, glänzende Augen und Nasen
- stellen, falls es kein Widder ist, die Ohren auf und bewegen sie in verschiedene Richtungen
- putzen sich regelmäßig und haben ein glänzendes, dicht anliegendes Fell
- sind so gelenkig, dass sie beim Putzen auch ihren Po erreichen
- After und Geschlechtsöffnungen sind sauber und ohne Kotverklebungen
- produziert trockene harte Kotkügelchen, die nicht miteinander verkleben
- kann problemlos alles fressen, die Schneidezähne sind gerade und stehen aufeinander
- haben deutlich zu unterscheidende Aktivitäts- und Ruhephasen
- reagieren sensibel auf Geräusche
- Krallen sind nicht länger als der Haarwuchs an den Läufen
- wiegen ihrer Rasse entsprechend und unterliegen nur geringen Gewichtsschwankungen
- mümmeln gern Heu und fressen fast ständig.

Nicht wehleidig

Kaninchen haben die Fähigkeit, Krankheiten möglichst lang zu verbergen. Sie versuchen, einen gesunden Eindruck zu machen, selbst wenn sie sich nicht wohlfühlen. Die meisten Krankheitssymptome treten erst dann zutage, wenn die Tiere bereits schwer erkrankt sind. Dann sollten sie schnellstmöglich zum Tierarzt gebracht werden.

Infektionserkrankungen und Impfungen

Gegen folgende Infektionskrankheiten können Kaninchen geimpft werden. Was geimpft wird, ist abhängig von der Haltung der Tiere.

RHD Rabbit Hämorrhagic Disease

Ursache RHD ist eine hochgradig infektiöse Viruserkrankung, die durch Insekten, Kontakt mit infizierten Tieren, kontaminiertes Futter und auch den Menschen übertragen werden kann. Die Erkrankung tritt das ganze Jahr über auf und hat eine sehr kurze Inkubationszeit (Zeit von der Ansteckung bis zum Ausbruch der Erkrankung) von ein bis drei Tagen. Auch Wohnungskaninchen sollten geimpft werden.

Symptome Meistens verläuft die Erkrankung perakut, d.h. die Kaninchen sterben plötzlich, ohne dass sie sichtbare Symptome entwickelt hätten. Falls sie Krankheitsanzeichen entwickeln, sind das schwere Atemnot, blutiger Durchfall, blutiger Nasenausfluss und blutiger Urin.

Behandlung Da sich diese Erkrankung nicht behandeln lässt, ist die Impfung die einzige Möglichkeit, dem Virus zuvorzukommen. Es gibt gegen diese Viruserkrankung verschiedene Impfstoffe mit unterschiedlichen Impfprotokollen. Lassen Sie sich daher von Ihrem Tierarzt beraten, wie Ihre Tiere geimpft werden sollen.

Normalwerte Kaninchen	
Herzfrequenz	150 – 300 Herzschläge/Minute
Atemfrequenz	30 – 60 Atemzüge/Minute
Körpertemperatur	38,5 – 40,0 °C
Trinkwassermenge	50 – 150 ml/kg Körpergewicht (schwankt aber sehr!)
Urinmenge	10 – 35 ml/kg Körpergewicht (schwankt aber sehr!)
Körpergewicht erwachsen	1 – 6 kg
Körpergewicht Neugeborene	30 – 80 g
Lebenserwartung	6 – 10 Jahre

Myxomatose

Ursache Myxomatose ist eine Viruserkrankung, die durch Insekten, kontaminiertes Futter und Kontakt mit infizierten Tieren übertragen wird. Die Erkrankung tritt meistens in der warmen Jahreszeit auf und die Inkubationszeit beträgt vier bis zehn Tage.

Symptome Die erkrankten Kaninchen haben Schwellungen am Kopf, den Augenlidern, Ohren und Geschlechtsteilen. Es können sich aber auch feste Hautknötchen bilden, die dann aufplatzen und verschorfen können.

Behandlung In Einzelfällen gelingt es, infizierte Tiere erfolgreich zu behandeln, die meisten Kaninchen überleben aber trotz massiver Therapie nicht. Da der Impfschutz für die Tiere bei der Myxomatoseimpfung weniger gut ist als bei der RHD-Impfung, wird empfohlen, in Einzelfällen nach der Grundimmunisierung nach sechs Monaten bereits erneut zu impfen. Ist der Infektionsdruck gering, d.h. hat das Kaninchen eher weniger Gelegenheit sich anzustecken, reicht aber auch hier eine jährliche Wiederholungsimpfung aus.

Pasteurellen und Bordetellen = Kaninchenschnupfen

Ursache Pasteurellen und Bordetellen sind Bakterien, die Kaninchenschnupfen verursachen können. Sie sind meistens verantwortlich für das Entstehen eines Schnupfens, aber nicht die alleinige Ursache.

Impfung Es gibt einen Impfstoff gegen Pasteurellen, der Nutzen der Impfung ist jedoch bei Fachleuten umstritten. Zunächst einmal schützt dieser Impfstoff die Tiere nicht generell vor einem Schnupfen, außerdem gibt es leider sehr viele Tiere, die latent infiziert sind und bei diesen Tieren ist der Impfstoff nicht wirksam. Von manchen Fachleuten wird empfohlen, Tiere mit Kaninchenschnupfen in der symptomfreien Phase zu impfen, um das Immunsystem zu stärken. Ich selbst habe unterschiedliche Erfahrungen gemacht und würde nicht zu einer therapeutischen Impfung raten.

Tollwut

Tollwut kann nur durch direkten Kontakt mit einem tollwütigen Tier übertragen werden. Als Hauptüberträger gilt immer noch der Fuchs. Da ein solcher Kontakt bei Kaninchen, die im Garten gehalten werden, nicht unmöglich ist, sollten diese Kaninchen eventuell auch gegen Tollwut geimpft werden. Da es immer wieder Wildtollwutfälle in Deutschland gibt, schadet eine prophylaktische Impfung sicher nicht, ist aber nicht in allen Gebieten nötig. Über die aktuelle Tollwutsituation kann man sich auf der Gemeindeverwaltung oder bei der zuständigen Veterinärbehörde informieren.

Nur ein kleiner Pieks. – Impfen tut nicht weh, kann aber Leben retten.

Kaninchenschnupfen

Ursache Kaninchenschnupfen ist eine leider sehr häufig vorkommende Erkrankung der Atemwege, die in den Kaninchenbeständen weit verbreitet ist. Verantwortlich für diese Krankheit sind verschiedene Bakterien, allen voran Pasteurellen, aber auch Bordetellen, Streptokokken und andere. Die Ansteckung erfolgt meistens bei der infizierten Mutter, aber auch durch direkten Kontakt mit anderen infizierten Tieren. Es handelt sich beim Kaninchenschnupfen um eine Faktorenkrankheit, d.h. es tragen verschiedene Faktoren dazu bei, dass die Krankheit ausbricht, denn nicht jedes infizierte Tier erkrankt auch automatisch. Für Jungtiere ist die Krankheit am gefährlichsten, vor allem für solche, die Stress im Zoofachhandel oder nach dem Entwöhnen von der Mutter haben. Vor allem in den Wintermonaten erkranken viele Tiere. Die Haupterreger, Pasteurellen und Bordetellen, lassen sich nur schwer im Nasenschleim nachweisen, sodass in den meisten Fällen ein Bakteriennachweis negativ verläuft, obwohl es sich um eine bakterielle Erkrankung handelt.

Symptome Die Kaninchen niesen viel, haben eitrigen, zähen, gelblich-weißlichen Nasenausfluss, tränende Augen und röchelnde Atemgeräusche. Die Atmung ist erschwert und oft kann man pfeifende Atemgeräusche hören. Wenn die Erkrankung schlimmer wird, kann eine Lungenentzündung hinzukommen, die zum Tod der Kaninchen führen kann.

Behandlung Leider gestaltet sich die Behandlung in manchen Fällen sehr schwierig. Die Bakterien reagieren zwar gut auf verschiedene Antibiotika, sie sind jedoch meistens durch eine Schleimhülle in der Nase, den Atemwegen und den Nebenhöhlen geschützt, sodass die Antibiotika nicht richtig wirksam werden können. Außerdem lassen sich die Bakterien meistens nicht vollständig abtöten, dadurch kann die Erkrankung immer wieder aufflammen. In manchen Fällen müssen die Antibiotika über Monate gegeben werden. Unterstützend können Schleimlöser, Medikamente für das Immunsystem und pflanzliche Präparate gegeben werden. Gerade diese Medikamente haben sich sehr bewährt. Die Behandlung ist jedoch aufwendig, da viele Tierarztbesuche erforderlich sind.

Einseitiger Nasenausfluss

Ursache Einseitiger Nasenausfluss wird oft mit dem Kaninchenschnupfen verwechselt. Ursache für den einseitigen Nasenausfluss ist meistens eine sogenannte oronasale Fistel. Diese Fistel geht meistens von entzündeten Zahnwurzeln der Backenzähne im Oberkiefer aus.

Symptome Eitriges Sekret, fließt aus einem Nasenloch ab. Oft haben die betroffenen Kaninchen Schwierigkeiten beim Kauen oder kauen einseitig. Viele Patienten leiden auch unter Appetitlosigkeit oder fressen nur sehr selektiv.

Behandlung Die Diagnose ist nicht immer leicht, mitunter müssen die Tiere in Narkose untersucht und auch geröntgt werden. Leider gestaltet sich die Therapie noch schwieriger. Je nach Schwere der Erkrankung sind ein

Oh Schreck, der Tierarzt kommt. Da geh ich doch lieber in Deckung.

oder mehrere Zähne betroffen. Manchmal ist bereits der Oberkieferknochen entzündet. Der betroffene Zahn muss gezogen, die Wunde gespült und vernäht werden. Leider kommt es immer wieder vor, dass die Entzündung wieder auftritt, obwohl die Kaninchen wochen- oder monatelang mit Antibiotika behandelt worden sind.

Herzerkankungen

Ursache Da die Lebenserwartung der Kaninchen in den letzten Jahren deutlich gestiegen ist, nehmen altersbedingte Herzklappen- erkrankungen oder Erkrankungen des Herz- muskels zu. Herzerkrankungen können an- geboren oder im Alter entstanden sein.

Symptome Die Symptome sind oft nicht be- sonders charakteristisch. Die Tiere können unter Kurzatmigkeit, Atemnot, Bauchwasser- sucht, Bewegungsunlust und Abmagerung leiden.

Behandlung Die Diagnose kann nur vom Tier- arzt gestellt werden, der oft bereits beim Ab- hören abnorme Herzgeräusche feststellen kann. Manchmal müssen zusätzlich Röntgen- aufnahmen oder weitergehende Untersuchun- gen durchgeführt werden. Je nach Ursache sind die Herzprobleme beim Kaninchen oft gut zu therapieren.

Nasenbluten

Nasenbluten kann ein Alarmzeichen sein, muss es aber nicht. Es kann durch Verletzung von kleinen Blutgefäßen in der Nase auftreten, durch Fremdkörper wie Grashalme in der Nase, aber auch bei schweren Erkrankungen wie Vergiftungen, Lungenblutungen und Schock vorkommen. Die Diagnose kann nur der Tierarzt stellen, deshalb sollten Kaninchen mit Nasenbluten vorsichtshalber zum Tierarzt gebracht werden.

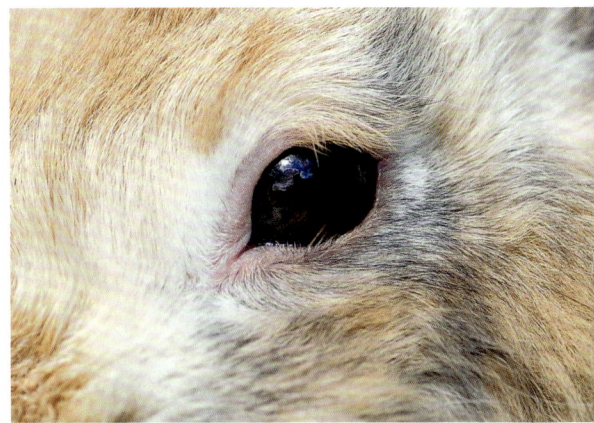

Augen

Bindehautentzündung

Bindehautentzündungen, die durch Zugluft entstehen, sind beim Kaninchen eher selten. Kaninchen mit tränenden Augen oder eitrigem Augenausfluss leiden meist nicht nur an einer Bindehautentzündung, sondern an anderen Ursachen wie Zahnabszessen, Reizungen des Tränenkanals durch überlange Zahnwurzeln, Entzündungen des Tränenkanals, Hornhautverletzungen durch kleine Heuhälmchen, Infektionen mit E. cuniculi (siehe Infektionskrankheiten), Augenüberdruck etc. Deshalb sollten Augenentzündungen auch keinesfalls auf die leichte Schulter genommen werden, sondern tierärztlich abgeklärt werden. Auch wenn das Kaninchen häufiger unter Augenentzündungen leidet, sollte man immer versuchen, die Ursache zu finden, denn in manchen Fällen kann die wahllose Gabe einer Augensalbe die Krankheit auch verschlimmern. Bei vielen langhaarigen Tieren kommen Reizungen der Augenschleimhäute durch die feinen Haare zustande, die am Auge kleben. Diese Bindehautentzündungen bekommt man mit einfachen Pflegemaßnahmen in den Griff.

Hornhautverletzung

Akut auftretende, einseitige Bindehautentzündung. Viele Kaninchen kneifen das Auge zunächst zu und putzen sich vermehrt. Der Augenausfluss ist anfangs klar, später eitrig. Der Tierarzt kann mit einem Farbstoff, der ins Auge geträufelt wird, feststellen, ob die Hornhaut verletzt ist und eine entsprechende Therapie einleiten.

Gerötete Lidbindehäute beim Kaninchen. Man sollte die Ursachen herausfinden.

Tränenkanalentzündung

Eine Tränenkanalentzündung sieht ähnlich aus wie eine Hornhautverletzung und tritt meistens einseitig auf.

Der Augenausfluss ist dickrahmig weißlich und lässt sich vom Tierarzt aus dem Tränenkanal heraus massieren. Tränenkanalentzündungen können durch Zahnprobleme, nach Kaninchenschnupfen oder als Folge einer Bindehautentzündung entstehen. Manchmal tritt auch einseitiger Nasenausfluss auf. In vielen Fällen ist die Behandlung langwierig, denn trotz mehrmaliger Spülung des Tränenkanals mit Antibiotika und Behandlung mit antibiotischen Augentropfen bessert sich der Zustand bei vielen Tieren nicht. Das erfordert dann eine oft monate-, wenn nicht jahrelange Behandlung.

Phakoklastische Uveitis

Phakoklastische Uveitis wird durch die Infektion mit E. cuniculi hervorgerufen und kann als einziges Krankheitsanzeichen auftreten. Es bildet sich ein Eiweißklumpen in der vorderen Augenkammer, der als weißliche Kugel oder Fäden im Auge sichtbar wird. Durch entzündliche Reaktionen im Inneren des Augapfels kann sich daraus auch ein grüner Star ent-

Tränenkanalspülung beim Kaninchen. Leider tritt eine Entzündung oft erneut auf.

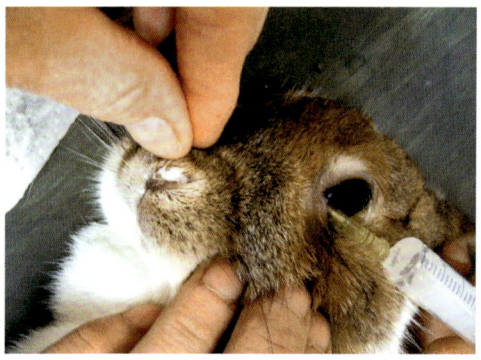

wickeln. Die Diagnose kann nur vom Tierarzt gestellt werden, oft ist eine Blutuntersuchung auf E. cuniculi hilfreich. Die Augenentzündung wird mit Antibiotika, Schmerzmitteln und entzündungshemmenden Medikamenten behandelt. Leider verschwindet der Eiweißklumpen im Auge nicht immer. Da Kaninchen ohnehin nicht so gut sehen, beeinträchtigt sie diese Augenveränderung jedoch nicht besonders.

Hervortreten eines Auges (Exophtalmus)

Wenn ein Auge des Kaninchens plötzlich größer als das andere erscheint, ist das immer ein Alarmsignal. Meistens handelt es sich hierbei gar nicht um eine Augenerkrankung, sondern um einen Abszess oder einen Tumor, der hinter dem Auge sitzt und das Auge hervortreten lässt. Die häufigste Ursache sind Abszesse, die von den Zähnen ausgehen, und manchmal nur behandelt werden können, wenn das Auge operativ entfernt wird.

Cherry eye (Nickhautdrüsenentzündung)

Hinter dem dritten Augenlid am inneren Augenwinkel, befindet sich die Nickhautdrüse. Sie ist normalerweise nicht sichtbar, weil sie sehr klein ist.

Durch chronische Entzündungen oder Verletzungen kann diese Drüse anschwellen und als weißlich unebener Knoten scheinbar plötzlich am inneren Augenwinkel hervortreten. Diese Entzündung entsteht häufig in Zusammenhang mit einem Kaninchenschnupfen.

Die entzündete Drüse kann mit den Fingern zurückgedrückt werden und mit antibiotischen Augensalben behandelt werden. Hilft das nicht, kann man die Nickhautdrüse auch operativ in einer Schleimhauttasche versenken, damit sie nicht wieder hervortritt.

Zahnerkrankungen kommen bei vielen Kaninchen vor, manche haben ein Leben lang Probleme damit. Kaninchen haben vier Schneidezähne im Oberkiefer, von denen jedoch nur die vorderen beiden gut sichtbar sind. Hinter diesen Zähnen befinden sich noch zwei kleinere, stiftartige Schneidezähne, die sogenannten Stiftzähne. Sie kommen nur im Oberkiefer vor, im Unterkiefer sind sie nicht vorhanden. Zwischen den Schneidezähnen und den Backenzähnen ist eine relativ große Lücke. Im Oberkiefer haben Kaninchen sechs Backenzähne, im Unterkiefer fünf. Die Zähne wachsen kontinuierlich nach, ungefähr 3 mm pro Woche. Durch mahlende Kaubewegungen werden sie wieder abgeschliffen. Den besten „Schleifeffekt" für Zähne hat silikatreiches Gras oder Heu, das die Tiere intensiv kauen müssen, um es verdauen zu können. Harte Äste, Minerallecksteine und hartes Brot bewirken für den Abrieb der Backenzähne leider überhaupt nichts, da diese nur mit den Schneidezähnen abgebissen werden müssen. Obstbaumäste können zum Nagen angeboten werden, von hartem Brot und Mineralsteinen sollte man jedoch Abstand nehmen.

Überlanges Zahnwachstum

Durch falsche Ernährung, altersbedingte Veränderungen im Kiefer oder Zahnfehlstellungen wachsen die Zähne einfach weiter. Das kann die Schneidezähne, aber auch die Backenzähne betreffen. Die Tiere fressen oft selektiv, speicheln, magern ab und haben Tränenfluss. Die Schneidezähne sind sichtbar, wenn man die Lippen etwas spreizt und spätestens wenn sie widderhornartig gebogen sind, muss der Tierarzt aufgesucht werden. Die Backenzähne können nur vom Tierarzt mit speziellen Untersuchungsgeräten angeschaut werden.

Kürzung durch den Tierarzt

Überlange Zähne müssen vom Tierarzt gekürzt werden. Bei den meisten Tieren geht es ohne Narkose, wobei die Wissenschaft in zwei Lager gespalten ist. Es gibt Tierärzte, die diese Behandlung grundsätzlich nur in Narkose durchführen, da sie für die Tiere Stress bedeutet und es zu Verletzungen durch Abwehrbewegungen kommen kann. Andere führen die Behandlung ohne Narkose durch, denn die meisten Kaninchen lassen sich gut festhalten und manche Tiere müssen einmal monatlich behandelt werden. Das Narkoserisiko ist beim Kaninchen selbst mit modernen Narkosen relativ hoch, daher muss der Tierarzt entscheiden, welche Variante er wählt. Ich gehöre übrigens zu den „ohne Narkose"-Tierärzten.

Zahnabszesse

Durch Entzündungen der offenen Zahnwurzel kommt es zu einer Abszessbildung und Knochenveränderungen im Kieferknochen. Diese Abszesse können steril oder bakteriell besiedelt sein. Der Kieferknochen kann sich dabei auflösen oder große Knochenblasen bilden. Dabei können sich sog. Dentinoide bilden, das sind Zähne oder Teile von Zähnen, die in diese Abszesshöhlen, sozusagen in die verkehrte Richtung, hineinwachsen. Die Abszesse werden von den Besitzern oft übersehen, weil sie gut in der Wamme versteckt sind und die Kaninchen einen kurzen dicken Hals haben. Leider sind sie sehr schwierig zu behandeln und es kommt trotz massiver Therapie mit Zahnextraktion und Abszesssanierung oft zu erneuten Abszessen durch verbleibende Keime im Kieferknochen. Die Behandlung ist extrem aufwendig und langwierig. Trotz aller Bemühungen sterben viele Tiere oder müssen eingeschläfert werden.

Bei den ersten Anzeichen von Veränderungen an den Backenzähnen kann man jedoch mit konsequenter Futterumstellung und regelmäßigen Zahnkontrollen durch den Tierarzt das Schlimmste verhindern. Es gelingt in manchen Fällen sogar wieder eine normale Gebisssituation herzustellen. Das erfordert allerdings viel Konsequenz seitens des Besitzers.

Kaninchen mit Maul- und Wangenspreizer. So hat der Tierarzt Zugang zu den Backenzähnen und kann im Bedarfsfall Haken und Kanten abschleifen.

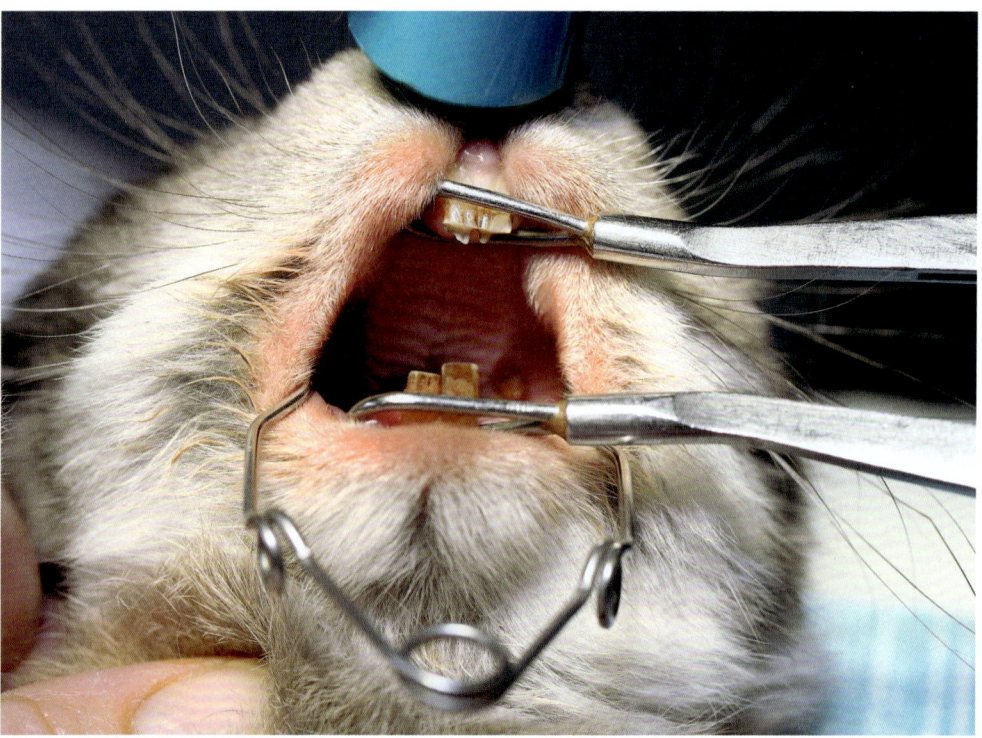

Kolik

Kaninchen leiden häufig unter Koliken. Aufgrund ihres sehr speziellen Verdauungssystems sind sie sehr anfällig für Magen-Darm-Probleme. Koliken entstehen entweder durch Magenüberladungen oder durch Gasansammlungen im Darm. Sie können lebensbedrohlich werden und müssen auf jeden Fall vom Tierarzt behandelt werden. Leider sind die Symptome recht unspektakulär und werden, falls vorhanden, oft vom Besitzer übersehen. Symptome können sein: fehlender Kotabsatz, fehlende Futteraufnahme, Speicheln, Zähneknirschen, Umfangsvermehrungen des Bauches, aufgekrümmter Rücken, kauernde Position, Apathie. Bei diesen Anzeichen sollte der Tierarzt umgehend aufgesucht werden, damit die Diagnose erstellt und eine entsprechende Therapie eingeleitet werden. Je nach Befund wird mit Magensonden Gas aus dem Magen abgelassen, das Kaninchen mit Infusionen behandelt und verdauungsfördernde Medikamente gegeben. Die Therapie ist aufwendig, die Tiere bedürfen intensiver Pflege. In den seltensten Fällen empfiehlt sich eine Operation, etwa um Futtermaterial aus dem Magen zu entfernen, denn die Narkose ist für solche Risikopatienten sehr riskant.

Durchfall

Bei vielen übergewichtigen Tieren ist der Durchfall gar kein Durchfall, sondern am After klebender Blinddarmkot. Die Tiere können aufgrund ihrer Leibesfülle den Kot nicht mehr vom After aufnehmen und setzen sich auf den klebrigen Blinddarmkot. Durchfall kann viele verschiedene Ursachen haben, von Fütterungsfehlern (kohlenhydratreiche Nahrung) über Parasiten- und Hefepilzbefall bis zu tatsächlichen bakteriellen Infektionen. Im Einzelfall kann es schwierig sein, die Ursache zu ermitteln. Der Tierarzt muss vielleicht einige Laboruntersuchungen durchführen, bis er zur Diagnose gelangt. Generell kann man jedoch sagen, dass sehr viele Durchfallprobleme auf Fütterungsfehler zurückzuführen sind. Kaninchen mit überlangem Zahnwachstum leiden oft auch unter Durchfall, bedingt durch den Fasermangel im Darm.

Darmmykosen/Hefepilz-infektionen

Darmmykosen und Hefepilzinfektionen sind meistens Begleiterscheinungen von anderen Krankheiten, die mit Verdauungsstörungen einhergehen. Es gibt allerdings auch Tiere, bei denen außer einem Hefepilzbefall des Darmes keine weiteren Krankheitsursachen zu finden sind. Hefepilze lassen sich mit einer Kotuntersuchung recht leicht nachweisen und können mit einem speziellen Medikament behandelt werden. Dieses ist sogar speziell für Kaninchen zugelassen.

Verstopfung

In vielen älteren Büchern werden Haaransammlungen oder auch Haarkugeln, die durch Verfilzungen entstanden sind, sogenannte Trichobezoare, als häufige Todesursache bei Kaninchen beschrieben. Neuere Untersuchungen in England haben jedoch gezeigt, dass sehr viele Kaninchen Haarbälle im Magen haben, ohne jemals an Verdauungsstörungen gelitten zu haben. Deshalb nimmt man heute eher an, dass Haaransammlungen im Magen bei Kaninchen normal sind und aufgrund des natürlichen Putzverhaltens entstehen. Sie scheinen unkompliziert zu sein, solange sie nicht zu groß werden. Auch die in vielen Büchern und Kaninchenforen beschriebenen „Kotketten" sind wohl eher normal. Kotketten sind Haarverklebungen mit Kotkügelchen, bei denen die Kotkügelchen wie an einer Perlenkette aufgereiht ausgeschieden werden. Kotketten und Haaransammlungen sind also nur

Links normale Kotkügelchen, rechts traubenförmiger Blinddarmkot

dann problematisch, wenn sie mit den entsprechenden Symptomen wie Blähungen, Koliken, Magenüberladungen, Fressunlust oder Verstopfung/Durchfall einhergehen. In vielen Fällen sind aber auch die Haltungsbedingungen für diese Probleme verantwortlich. Da der Kaninchenmagen fast keine Muskelfasern besitzt, muss der Futterbrei durch Bewegung in „Wallung" kommen, damit er weiter in den Darm transportiert wird.

Diabetes mellitus

Der Diabetes, der beim Kaninchen vorkommt, ähnelt dem Altersdiabetes des Menschen. Als Ursache kommen erbliche Faktoren, aber auch ausgeprägte Fettleibigkeit infrage. Meistens fallen dem Besitzer der unbändige Durst und das abnorme Fressverhalten auf. Die Kaninchen trinken wahnsinnig viel und fressen alles, was sie bekommen können, auch Zeitungspapier, Einstreu und Tapeten. Oft werden stubenreine Kaninchen unsauber. Gleichzeitig magern sie ab oder bekommen trübe Augen durch eine diabetische Katarakt (Linsentrübung).

Die Diagnose kann mithilfe eines Zuckernachweises im Urin oder einer Blutuntersuchung gestellt werden. Behandelt wird die Erkrankung mit Insulin, das zweimal täglich gespritzt werden muss.

Darmparasiten

Kaninchen leiden recht häufig unter Darmparasiten, die in den meisten Fällen auch mit Durchfall einhergehen. Es kann sich um einzellige Darmparasiten, sogenannte Kokzidien, handeln, die besonders für Jungtiere gefährlich sind, aber auch um verschiedene Wurmarten. Am häufigsten kommen Oxyuren vor; das sind Würmer, die manchmal auf den Kotkügelchen als kleine weiße Fäden sichtbar sind, ohne dass sie zu Durchfällen führen. Andere Spul-, Magen- und Bandwurmarten kommen ebenfalls vor, allerdings weniger häufig. Die Diagnose kann vom Tierarzt gestellt werden, der mit einer speziellen Kotuntersuchung die Wurmeier nachweisen kann. Es gibt verschiedene Medikamente zur Behandlung von Würmern, die gut verträglich sind.

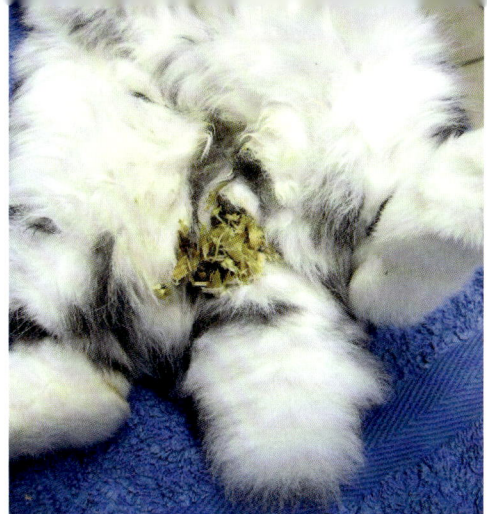

Kot- und Einstreuverklebungen am Kaninchen-after.

Bakterielle Darminfektionen

Bakterielle Darminfektionen kommen bei einzeln gehaltenen Kaninchen eher selten oder als sekundäre Erkrankungen vor. Das heißt, sie treten dann auf, wenn gleichzeitig eine andere Erkrankung vorliegt, beispielsweise Kokzidien. Die Erkrankung muss mit Antibiotika behandelt werden.

Die sogenannte Mukoide Enteritis ist eine bakteriell bedingte Darmerkrankung in Kaninchenzuchten, die zu verheerenden Verlusten vor allem bei Jungtieren führt. Sie geht mit Durchfällen, später dann mit fehlendem Kotabsatz, Darmlähmungen und raschem Tod der Tiere einher. Diese Erkrankung tritt hauptsächlich in der kalten Jahreszeit auf und wird durch bestimmte Bakterienstämme der Darmbakterien verursacht. Sie kann mit speziellen Antibiotika behandelt werden. Bei Kaninchen, die als Heimtiere gehalten werden, kommt sie extrem selten vor.

Fliegenmadenbefall

Ein Befall mit Fliegenmaden kommt im Gegensatz zu der mukoiden Enteritis hauptsächlich in der warmen Jahreszeit vor. Voraussetzung für einen Fliegenmadenbefall sind feuchte Kot- oder Urinverschmutzungen in der Analgegend. Sie entstehen durch Kotverklebungen, durch fehlendes Fressen des Blinddarmkotes, Durchfälle, Harnweginfekte u. a. Die Fliegen werden durch die feuchten Verschmutzungen angezogen und legen ihre Eier im Fell der Kaninchen in der Aftergegend ab. Innerhalb von zwölf Stunden entwickelt sich aus den Eiern die erste Larvengeneration, die noch keinen Schaden anrichtet. Innerhalb von drei Tagen entstehen weitere Larvengenerationen, die sich aktiv durch die Haut in das Kaninchen bohren und zu massiven Verletzungen führen können. Leider werden die Larven der ersten Generation nur sehr selten entdeckt und auch die Larven der 3. Generation machen sich meistens erst durch den beißenden Geruch bemerkbar, der infolge der massiven Hautentzündungen durch den Larvenfraß entsteht. Man nimmt an, dass die Larven eine spezielle schmerzstillende Substanz absondern. Sie bewirkt, dass das Kaninchen trotz massiver Hautentzündungen und Verletzungen durch den Larvenfraß wenig oder keine Schmerzsymptome zeigt. Aufgrund der Lokalisation der Erkrankung wird sie meistens erst relativ spät entdeckt und ist in fortgeschrittenen Fällen dann nur noch sehr schwierig zu behandeln. Die Haare werden in diesem Bereich geschoren, die Wunde desinfiziert, und mit Larven abtötenden Bädern behandelt. Zudem werden Antibiotika und Schmerzmittel gegeben. Um diese Erkrankung zu vermeiden, empfiehlt es sich, das Kaninchen regelmäßig zu kontrollieren und feuchte Kotverklebungen oder Urinverschmutzungen unbedingt zu entfernen.

Harnapparat und Geschlechtsorgane

Blasenentzündung

Da Kaninchen Kalzium fast ausschließlich über den Urin ausscheiden, kann Kaninchenurin je nach Kalziumgehalt klar wässrig bis cremig pastös sein. Beim Kaninchen wird Kalzium zu 60 % über die Nieren ausgeschieden, bei anderen Säugetieren sind es nur ca. 2 %. Bei jungen Tieren und trächtigen Häsinnen ist der Urin meistens klar, da Kalzium für das Wachstum oder die Jungtiere benötigt wird. Bei erwachsenen Kaninchen kann sehr klarer Urin auch ein Hinweis für einen Kalziummangel sein.

Kaninchen sind relativ anfällig für Blasenentzündungen. Blasenentzündungen machen sich durch vermehrten Urinabsatz, nassen Bauch oder Analbereich, Verfärbung des Urins oder auch Verlust der Stubenreinheit bemerkbar. Rötliche Verfärbungen des Urins durch Futterbestandteile aus Rote Bete oder Karotten werden häufig mit Blut verwechselt, können jedoch völlig normal sein. Es kann auch zu Urintröpfeln oder vermehrtem Putzen der Analregion kommen. Eine Blasenentzündung kann nur vom Tierarzt diagnostiziert werden.

Dazu wird Urin mittels eines Katheters oder durch Ausdrücken der Blase gewonnen. Eventuell wird auch eine Röntgenaufnahme zur Diagnosefindung benötigt. Je nach Ursache der Blasenentzündung wird diese entsprechend behandelt. Häufig sind die Ursachen für Blasenentzündungen Blasengrieß oder Blasensteine.

Blasengrieß und Blasensteine

Blasengrieß ist sozusagen die Vorstufe zu Blasensteinen. Es handelt sich um Kalziumablagerungen in der Harnblase, die zu Blasenentzündungen führen können. Blasengrieß oder Blasenschlamm kann mit einer Röntgenaufnahme diagnostiziert und mit einer Infusionstherapie aus der Blase ausgeschwemmt werden. Diese Therapie ist recht aufwendig und das Kaninchen muss über einen längeren Zeitraum mit Infusionen und Blasenentleerungen behandelt werden.

Eine Futterumstellung auf kalziumarmes Futter sollte anschließend auf jeden Fall erfolgen, damit der Zustand nicht erneut auftritt.

Blasensteine

Blasensteine entstehen beim Kaninchen meist durch ein Überangebot von Kalzium in der Nahrung. Weitere Faktoren, die zu der Bildung von Blasensteinen führen, sind Übergewicht, mangelnde Bewegung und ein zu niedriger Wasserkonsum.

Blasensteine können mit kolikartigen Symptomen einhergehen oder zu den Symptomen einer Blasenentzündung führen. Die Diagnose wird vom Tierarzt durch Röntgen oder Ultraschalluntersuchung gestellt. In manchen Fällen lassen sich die Steine bei weiblichen Tieren durch die Harnröhre hindurch ausmassieren, meistens müssen sie jedoch operativ entfernt werden. Manchmal rutschen die Steine in die Harnröhre und führen zu lebensbedrohlichen Harnröhrenblockaden. Häufig leiden die Kaninchen nicht nur unter Blasen-, sondern auch unter Nierensteinen, die auf einer Röntgenaufnahme oder im Ultraschall ebenfalls gut zu diagnostizieren sind.

Neben der chirurgischen Steinentfernung ist eine Futterumstellung bei den erkrankten Tieren ein wichtiger Faktor für eine erfolgreiche Therapie.

Gebärmutterentzündung

Bei weiblichen Kaninchen können Flüssigkeitsabsonderungen aus der Gebärmutter mit Blasenentzündungen verwechselt werden. Wässrige oder schleimige Absonderungen aus der Gebärmutter können auch für den Tierarzt wie hochgradig veränderter Urin aussehen. Daher sollte man bei weiblichen, unkastrierten Tieren immer die Möglichkeit einer Gebärmuttererkankung in Erwägung ziehen. Hierbei setzen die Tiere jedoch normal Urin ab und es kommt auch nicht zu Urinverschmutzungen im Fell. Blut aus der Gebärmutter fließt unabhängig vom Harnabsatz aus der Vagina. Die genaue Diagnose kann manchmal nur durch zusätzliche Untersuchungen gestellt werden.

Tumoren

Adenokarzinome der Gebärmutter sind die häufigste Tumorerkrankung bei weiblichen Kaninchen. Untersuchungen aus England berichten von einer Häufigkeit von über 50 % bei Häsinnen über 3 Jahren. Das würde bedeuten, dass jedes zweite weibliche Kaninchen an einem solchen Tumor erkrankt. Tatsächlich erscheint die Erkrankungsrate jedoch niedriger, dennoch kommt dieser Tumor recht häufig vor. Da diese Tumoren nur sehr langsam wachsen, kann es Jahre dauern, bis sich Symptome entwickeln. Die Veränderungen der Gebärmutter, egal ob es sich um Entzündungen, zystische Veränderungen der Schleimhaut, oder Tumoren handelt, sollten operiert werden.

Auf dem Röntgenbild gut erkennbar: Ein Blasenstein beim Kaninchen.

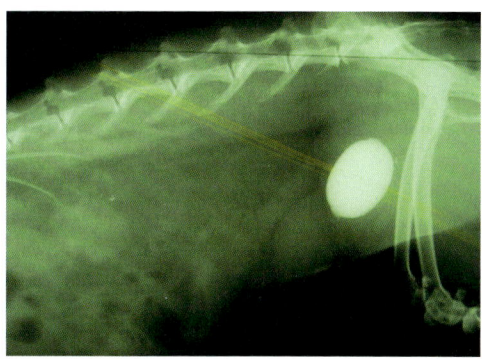

Ein ziemlich großer Blasenstein nach chirurgischer Entfernung.

Scheinträchtigkeit

Der Eisprung bei Kaninchen wird normalerweise ausgelöst, wenn das Kaninchen gedeckt wird, kann aber auch durch das „Berammeln" anderer Tiere oder das Reiben an Käfiggittern oder anderen Gegenständen ausgelöst wer-

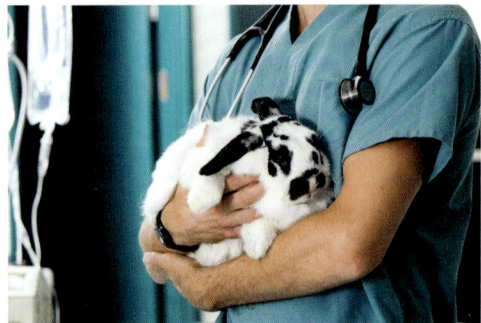

Diese Häsin soll kastriert werden. Bevor sie operiert wird, wird ihr Gesundheitszustand überprüft.

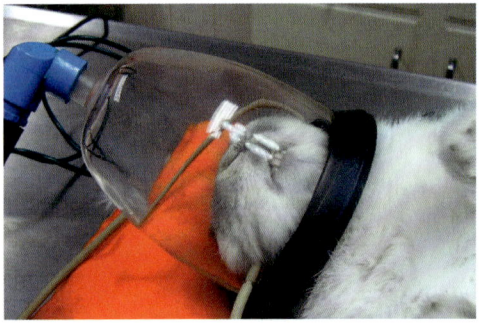

Anschließend erfolgt eine Inhalationsnarkose, wobei das Gas über eine Maske eingeatmet wird.

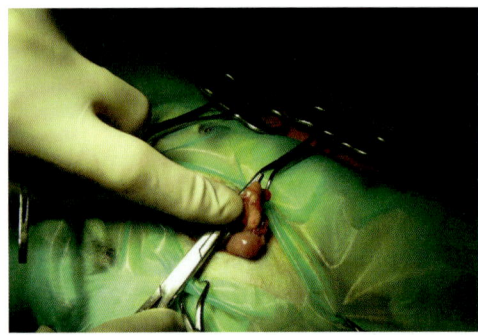

Eierstöcke und Gebärmutter werden bei der Kastration entfernt.

den. Manche Häsinnen werden nach einem Eisprung bei ausbleibender Trächtigkeit scheinträchtig. D.h. sie reißen sich das Fell an der Wamme oder am Bauch aus, bauen Nester und haben manchmal sogar ein dickes Gesäuge, aus dem Milch austritt. Meistens sind sie in dieser Phase sehr aggressiv und verteidigen ihren Käfig und ihr Nest. Die Scheinträchtigkeit lässt sich mit einem Medikament für scheinträchtige Hündinnen behandeln. Tritt sie allerdings regelmäßig auf, sollte man überlegen, ob eine Kastration für die Häsin nicht besser ist.

Erkrankungen der männlichen Geschlechtsorgane

Erkrankungen der männlichen Geschlechtsorgane kommen weitaus seltener vor als Erkrankungen bei weiblichen Tieren. Da aber auch Kaninchen immer älter werden, lassen sich in der letzten Zeit immer häufiger Hodentumoren diagnostizieren.

Hodentumoren

Meistens werden die Tumoren im Rahmen einer Routineuntersuchung vom Tierarzt diagnostiziert. Hodentumoren sind meistens bösartig, lassen sich durch eine Kastration jedoch gut entfernen. Es kann durchaus ratsam sein, in diesem Zusammenhang die Lunge des Kaninchens zu röntgen, um ausschließen zu können, dass sich dort bereits Metastasen gebildet haben.

Kaninchensyphilis

Kaninchenyphilis wird leider immer noch sehr häufig mit dem Kaninchenschnupfen verwechselt und deshalb falsch behandelt. Die Krankheit kommt bei Häsinnen und Rammlern vor und wird bei Hautkrankheiten besprochen (siehe Seite 210).

Haut- und Haarveränderungen bei Kaninchen werden meistens durch Parasiten hervorgerufen und müssen nicht unbedingt mit starkem Juckreiz einhergehen.

Läuse, Milben, Flöhe

Läuse, Milben und Flöhe können z.T. mit dem bloßen Auge sichtbar sein. In vielen Fällen bringt jedoch erst eine Untersuchung eines Hautpräparates unter dem Mikroskop Klarheit. Die meisten Hautparasiten führen zu schuppigem Haarkleid und kleie- oder borkenartigen Belägen. In den meisten Fällen ist der Juckreiz nicht besonders ausgeprägt. Die meisten Parasiten lassen sich gut mit einem sogenannten Spot-on-Präparat behandeln. Das ist gut verträglich und leicht anzuwenden. Leider dauert die Behandlung im Einzelfall lang, da die Parasiten Eier ins Fell legen, aus denen wieder neue Parasiten schlüpfen. Da all diese Erkrankungen ansteckend sind, müssen andere eventuell symptomfreie Kaninchen auch behandelt werden. Bei starkem Befall muss die Umgebung mitbehandelt werden.

Ohrmilben

Im Gegensatz zu den anderen Hautparasiten führen Ohrmilben oft zu erheblichem Juckreiz. Die Kaninchen lassen die Ohren hängen, schütteln mit dem Kopf oder halten ihn schief. Ohrmilben lassen sich vom Tierarzt leicht nachweisen. Auch hier wirkt ein Spot-on-Präparat gut, das auf die Haut aufgetragen wird.

Hautpilze

Hautpilze sind besonders unangenehm, da sie auch für den Menschen ansteckend sein können. Diese Infektionen zeichnen sich oft durch eine Ringflechte aus. Man findet meistens im Kopfbereich rundliche haarlose Stellen mit einem Schuppenkranz. Auch hier ist der Juckreiz normalerweise nicht besonders schlimm. Der Tierarzt kann bestätigen, ob ein Pilz vorliegt. Mittels eines Pilztests kann man die Pilze identifizieren und behandeln. Leider leiden Tiere aus Zoogeschäften oft an Pilzinfektionen, da dort viele Tiere aus unterschiedlichen Beständen zusammenkommen und sich Pilze dann besonders gut ausbreiten können.

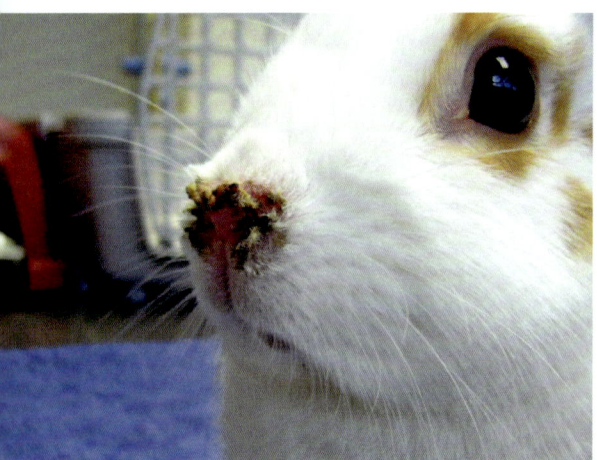

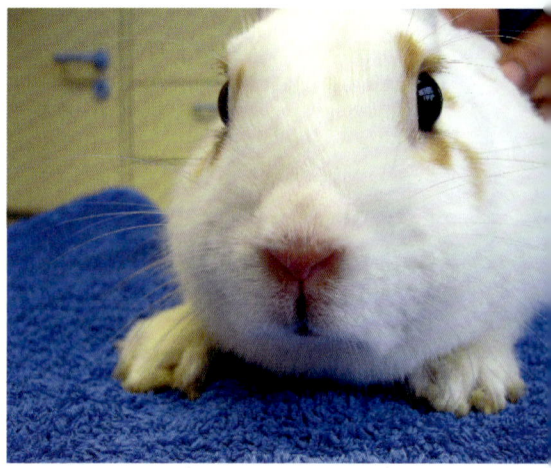

Kaninchen mit Syphlilis vor der Behandlung. Die verkrustete Nase lässt oft an Schnupfen denken.

Gleiches Kaninchen nach der Behandlung. Nun ist die Nase auch wieder sauber.

Kaninchensyphilis

Kaninchensyphilis Ist eine durch Treponema-Bakterien verursachte Erkrankung, die man bei oberflächlicher Betrachtung leicht mit einem Kaninchenschnupfen verwechseln kann. Die Tiere haben eitrige, knotige Veränderungen an den sogenannten mukokutanen Übergängen, wie Nase, Geschlechtsteilen, Augen und manchmal auch an den Läufen. Eigentlich wird das Bakterium beim Geschlechtsakt übertragen – daher der Begriff Kaninchensyphilis. Die Erkrankung kommt aber auch bei Jungtieren vor, die noch nicht geschlechtsreif sind, da die Infektion auch während der Geburt von der Mutter auf die Jungtiere übertragen werden kann. Kaninchensyphilis lässt sich nach der Diagnose gut mit Penicillin behandeln, das vom Tierarzt gespritzt wird.

Haarausfall

Besonders dominante Häsinnen werden in der Fortpflanzungssaison oft scheinträchtig, wenn eine Schwangerschaft ausbleibt. Die Kaninchen reißen sich dann die Haare am Bauch und an der Wamme aus, um ein Nest zu bau-en. Manchmal ist jedoch das kahle Kaninchen gar nicht das schuldige, denn es kann auch vorkommen, dass Rammler von den Häsinnen gerupft werden, wenn sie ein Nest bauen. Werden die Kaninchen häufig scheinträchtig und bauen Nester, vor allem aber auch, wenn sie während dieser Periode aggressiv werden, sollte man eine Kastration in Betracht ziehen. Anhand des Haarbildes unter dem Mikroskop kann der Tierarzt unterscheiden, ob die Haare ausfallen oder ob sie abgebissen, abgeleckt oder ausgerupft wurden.

Haarfressen

Haarfressen ist ein typisches Frustverhalten, das vor allem bei einzeln gehaltenen Kaninchen mit sehr rohfaserarmer Fütterung vorkommt. Manchmal sind die Kaninchen bis auf den Kopf kahl, weil sie sich aus Langeweile alle Haare ausreißen. Neben den Fellveränderungen haben die Tiere meistens ein überlanges Zahnwachstum und chronische Durchfälle aufgrund des Rohfasermangels. Hier hilft nur eine Ernährungsumstellung und mehr Abwechslung im Kaninchenalltag. Auch wenn die Erkrankung psychisch bedingt ist, sind diese Tiere in ihren Stereotypien oft so festgefahren, dass sich durch eine Therapie nichts ändert.

Wunde Ballen

Wunde Ballen kommen vor allem bei Rexkaninchen und übergewichtigen Tieren vor. Auch Kaninchen mit Urinverschmutzungen haben bedingt durch die Nässe manchmal wunde Ballen. Die Symptome sind ähnlich wie bei den Wirbelsäulenerkrankungen. Zunächst muss die Ursache abgestellt werden, d.h. der Untergrund muss absolut trocken sein. Manchmal hilft auch ein Wechsel des Einstreumaterials.

Dann werden die Füße regelmäßig mit Kamillenbädern behandelt. Je nach Schwere der Erkrankung verordnet der Tierarzt Antibiotika und entzündungshemmende Medikamente. Die Therapie zieht sich meistens über einen langen Zeitraum. Besonders bei Rexkaninchen müssen die Ballen unbedingt regelmäßig kontrolliert werden. Rassebedingt haben sie oft keine oder nur sehr wenig Haare an den Ballen, die dem Schutz der empfindlichen Haut dienen.

Regelmäßiger Auslauf auf weichem Untergrund schützt vor wunden Ballen.

Encephalitozoon cuniculi

Als der Erreger dieser Erkrankung seinen Namen erhielt, hat sich niemand träumen lassen, dass er einmal massive Probleme bei Kaninchen verursachen würde, sonst wäre der Name sicherlich weniger zungenbrecherisch ausgefallen.

Es handelt sich dabei um eine sehr verbreitete Infektion mit Mikrosporidien, die sich in den einzelnen Zellen befinden und häufig in Gehirnzellen und den Nieren anzutreffen sind. Mikrosporidien sind einzellige Parasiten, die zwar mit Pilzen verwandt sind, jedoch trotzdem mit antiparasitär wirksamen Medikamenten behandelt werden. Diese Parasiten kommen bei sehr vielen Kaninchen vor. Man nimmt an, dass etwa 60 % aller als Heimtier lebenden Kaninchen infiziert sind. Die Erkrankung bricht jedoch nicht bei allen infizierten Tieren aus. Die mit Kot und Urin ausgeschiedenen Dauerformen der Parasiten, die Sporen, sind auch für Mäuse, Hunde und Menschen infektiös. Allerdings ist die Gefahr einer Ansteckung extrem gering. Bisher wurden keine Erkrankungen beim Menschen nachgewiesen.

Symptome

Die Symptome sind sehr vielfältig. Sie gehen typischerweise mit Kopfschiefhaltung, Augenrollen und Drehbewegungen in eine Richtung einher. Sie können sich aber auch lediglich durch Eiweißablagerungen in der vorderen Augenkammer bemerkbar machen (siehe Seite 200). Manche Tiere haben auch weitergehende Symptome, wie Lähmungen, Unvermögen zu stehen, Blindheit oder Nierenentzündungen. Manchmal weisen sehr alte Tiere Knochenveränderungen durch Nierenveränderungen auf, die wie eine Osteoporose beim Menschen aussehen, jedoch durch den Parasiten entstanden sind. Eine genaue Diagnose kann schwierig sein, denn eine Blutuntersuchung auf Antikörper kann nur zusätzliche Hinweise auf das Vorliegen der Erkrankung geben, stellt jedoch keinen sicheren Nachweis dar. Antikörper kommen nämlich auch sehr oft bei klinisch gesunden Tieren vor.

Meistens tritt die Erkrankung ohne jegliche erkennbare äußere Ursache auf. Man nimmt jedoch an, dass Stress oder begleitende Infektionen zum Ausbruch der Erkrankung führen können.

Behandlung

Die Therapie richtet sich nach den Symptomen, auf jeden Fall wird mit einem antiparasitären Medikament behandelt. Die Therapiedauer hängt von der Schwere der Symptome ab. In Haushalten mit mehreren Kaninchen kommt es nur in Ausnahmefällen zu Erkrankungen weiterer Tiere, obwohl die ausgeschiedenen Sporen ansteckend sind. Das untermauert die These, dass es zusätzliche Faktoren zur eigentlichen Infektion geben muss, die zu einem Ausbruch der Krankheit führen. Auch wenn die Symptomatik manchmal sehr schlimm aussieht, haben die Tiere wahrscheinlich keine Schmerzen, denn viele Kaninchen liegen auf der Seite und fressen trotzdem noch. Man kann die Erkrankung nicht heilen, indem alle Erreger abgetötet werden, doch man kann mit einer Therapie die Symptome eindämmen.

Altersbedingte Wirbelsäulenveränderungen

Da die Lebenserwartung der Kaninchen deutlich steigt, kommen auch altersbedingte Veränderungen, vor allem im Skelettsystem, heute wesentlich häufiger vor als früher. Diese Erkrankungen werden bereits ab dem 5. Lebensjahr beobachtet und können zu massiven Beeinträchtigungen führen. Besonders häufig sind Knochenspangen und -verwachsungen an der Wirbelsäule, Bandscheibenschäden und Blockaden der kleinen Wirbelgelenke zu finden. Eine sichere Diagnose kann anhand einer Röntgenaufnahme gestellt werden. Die Kaninchen hocken meistens mit gewölbtem Rücken im Käfig, klettern nicht mehr und vermeiden Bewegungen. Manche fressen auch schlechter oder werden aggressiv. Die Therapie richtet sich nach der Schwere und der Art der Erkrankung. Entzündungshemmende Medikamente, Vitamingaben, aber auch Physiotherapie und chiropraktische Behandlungen zeigen oft gute Erfolge, auch wenn man von vielen Tierarztkollegen zurzeit noch belächelt wird, wenn man eine chiropraktische Behandlung bei einem Kaninchen empfiehlt.

Knochenbrüche

Knochenbrüche werden nur sehr selten von Kindern verursacht, denen die Kaninchen aus dem Arm fallen. Vielmehr verletzen sich die Tiere häufiger im Käfig, indem sie an den Käfiggittern hängen bleiben oder sich zwischen Gegenständen verkeilen. Ganz besonders oft kommt es zu Verletzungen, wenn die Tiere in die Heuraufen klettern, um sich dort hineinzulegen. Einerseits sind Heuraufen zwar sehr praktisch, andererseits bergen sie auch ein nicht unerhebliches Verletzungsrisiko.

Knochenbrüche kann man bei Kaninchen entweder mit Kunststoffgipsverbänden oder Knochenoperationen mit Nägeln oder Platten versorgen. Kaninchenknochen sind sehr leicht und können leicht splittern, daher sind chirurgische Eingriffe nicht ganz einfach.

Knochenbruch beim Kaninchen. Er kann geschient oder operativ behandelt werden.

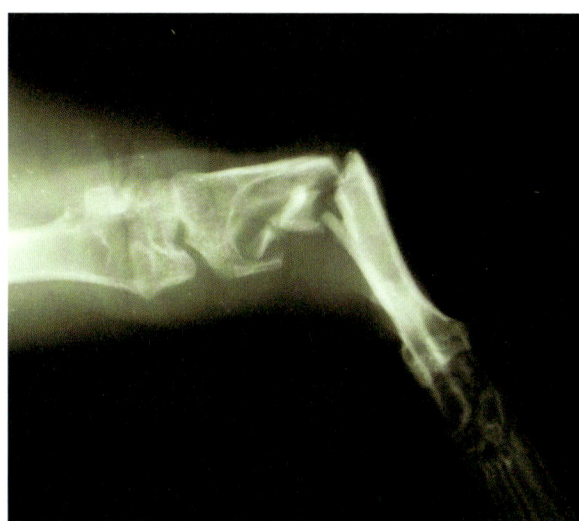

Dank

Mein Dank gilt allen, die mir bei der Gestaltung dieses Buches geholfen haben. Vor allem danke ich meiner Freundin Melanie Brauner aus Zaberfeld, die immer zur Stelle ist und mir bei der Beschaffung der Fotos einzelner Kaninchenrassen unersetzlich war.

Allen Züchtern, Kaninchenhaltern und Gehegebauern ein herzliches Dankeschön dafür, dass sie ihre Kaninchen fotografieren ließen beziehungsweise Fotos der Kaninchen oder ihrer Gehege für dieses Buch zur Verfügung gestellt haben.

Last but not least danken wir der Firma Trixie dafür, dass sie das Zubehör für die Fototermine zur Verfügung gestellt hat.

Zum Weiterlesen

Busch, Marlies: Taschenatlas Pflanzen für Heimtiere: Gut oder giftig? Ulmer 2009

Eknigk, Heidrun, Lexikon der Kaninchen. Komet 2005

Ewringmann, Anja: Leitsymptome beim Kaninchen. Diagnostischer Leitfaden und Therapie. Enke 2016

Morgenegg, Ruth: Artgerechte Haltung. Ein Grundrecht auch für (Zwerg-)Kaninchen. Kaufmann 2000

Scholz, Hans-Peter: Kaninchen Kompass. Oertel und Spörer 2006

Warrlich, Anne: Zwergkaninchen. Haltung, Beschäftigung, Verhalten, Gesundheit. Kosmos 2016

Hilfreiche Links

www.zdrk.de Zentralverband Deutscher Rassekaninchen-Züchter e.V.
www.kaninchenzucht.de Homepages deutscher Kaninchenzuchtvereine
www.sweetrabbits.de
www.kaninchengehege.com
www.kleintierstaelle.ch
www.hasenstallbau.de
www.diebrain.de Alles über Haltung, Pflege und Gehegebau
www.heimwerker.de Käfigbauanleitungen
www.kanincheninfo.eu
www.freilaufkaninchen.de
www.kaninchenladen.de gesundes Futter und Knabbersachen
www.just4bun.de Kanincheninternetshop
www.pipolino.eu Futterbeschäftigung

Register

Bildnachweis

188 Farbfotos wurden von Tatjana Drewka/Kosmos für dieses Buch aufgenommen.
Weitere Farbfotos von Melanie Brauner (7; S. 54 o., m., 56 o., 57 m., 58 o., 61 o.), Fotolia (6; S. 198
© gb, 199 o., © GeEr, 208 o. © Tyler Olson, 214 © Claudia Paulussen, 145 o. © Christian
Steininger, 201 © Denis Tabler), Oliver Giel (1; S. 69 u.), istockphoto (3; S. 196 © Ana Abejon, 194,
209 © Sean Locke), Juniors Bildarchiv (7; S. 6, 7, 9, 18, 24 beide, 25), Mirko Luft (4; S. 48, 49 o. und
m., 190), Alexa Munderloh (1; S. 98), Picani (2; S. 66, 211), Irmgard Reisinger-Bayer (1; S. 86 u.),
Hans Joachim Schäfer (1; S. 56 u.), Verena Scholze/Kosmos (40; S. 16 beide, 17, 27 beide, 34, 35,
40, 42, 46, 47, 61 u., 78, 79 beide, 80 alle 3, 83 u., 84 beide, 85 beide, 91 o., 99 o., 116, 117, 156 alle
3, 157, 158 beide, 159, 164, 178 beide, 179 beide, 206), Ottmar Siedler (1; S. 52 m.), Horst Streitferdt/
Kosmos (20; S. 2 beide, 3 beide, 8, 26, 53 o. und m., 58 m., 64 beide, 65 alle 3, 67 o. und m., 216, 217,
219, 221), Tierfotoagentur (2; S. 106 © Ramona Richter, 202 © Bernhard Bürkle), Trixie (2; 96 u.,
97), Frank Volkmann (1; S. 51 o.), Anne Warrlich (10; S. 200, 204, 205, 207 beide, 208 m. und u.,
210 beide, 213), Tanja Welter (2; S. 62, 63), Christine Wilde (1; S. 101 l.)

Impressum

Umschlag- und Klappengestaltung von Claudia Adam unter Verwendung von 11 Farbfotos von
Tatjana Drewka/Kosmos (8), Tatjana Drewka (Außenklappe vorn und Innenklappe hinten) und
Anna Auerbach/Kosmos (Autorenfoto).

Mit 282 Farbfotos.

Unser gesamtes Programm finden Sie unter **kosmos.de**
Über Neuigkeiten informieren Sie regelmäßig unsere
Newsletter, einfach anmelden unter **kosmos.de/newsletter**

Gedruckt auf chlorfrei gebleichtem Papier

Aktualisierte Neuausgabe
© 2020, Franckh-Kosmos Verlags-GmbH & Co. KG, Stuttgart
Pfizerstraße 5-7, 70184 Stuttgart
Alle Rechte vorbehalten
Wir behalten uns auch die Nutzung von uns veröffentlichter Werke
für Text und Data Mining im Sinne von § 44b UrhG ausdrücklich vor.
ISBN 978-3-440-16784-7
Redaktion: Alice Rieger
Redaktion der Neuausgabe: Angela Beck
Gestaltungskonzept: Eva Schmidt
Gestaltung und Satz: Doppelpunkt, Stuttgart
Produktion: Eva Schmidt, Nina Renz, Alicia Kaufmann
Druck und Binden: Westermann Druck Zwickau GmbH, Zwickau
Printed in Germany / Imprimé en Allemagne

FSC
www.fsc.org
MIX
Papier | Fördert
gute Waldnutzung
FSC® C110508